三衢山喀斯特地貌引种植物

徐正浩　陈中平　陈新建
季卫东　余黎红　李余新　著

ZHEJIANG UNIVERSITY PRESS
浙江大学出版社

图书在版编目（CIP）数据

三衢山喀斯特地貌引种植物 / 徐正浩等著. —杭州：浙江大学出版社，2019.10

ISBN 978-7-308-19617-8

Ⅰ. ①三… Ⅱ. ①徐… Ⅲ. ①岩溶地貌—引种—植物—常山县 Ⅳ. ① Q948.525.54

中国版本图书馆CIP数据核字(2019)第220756号

内容简介

本书按被子植物种系发生学组（Angiosperm Phylogeny Group， APG）分类系统介绍了三衢山喀斯特地貌中的130种引种植物，包括中文名、学名、中文异名、英文名、分类地位、形态学鉴别特征、生物学特性、生境特征、分布及原色图谱等相关内容。本书可作为农业、林业、园林、环保等相关专业的研究人员和管理人员的参考用书。由于采用了图文并茂的方式，本书可读性很强，也适合广大普通读者阅读。

三衢山喀斯特地貌引种植物

徐正浩　陈中平　陈新建　季卫东　余黎红　李余新　著

责任编辑　徐素君
文字编辑　陈静毅
责任校对　王安安
封面设计　春天书装
出版发行　浙江大学出版社
（杭州天目山路148号　邮政编码：310007）
（网址：http://www.zjupress.com）
排　　版　杭州林智广告有限公司
印　　刷　浙江海虹彩色印务有限公司
开　　本　889mm×1194mm　1/16
印　　张　13.75
字　　数　334千
版 印 次　2019年10月第1版　2019年10月第1次印刷
书　　号　ISBN 978-7-308-19617-8
定　　价　128.00元

浙江大学出版社市场运营中心联系方式：(0571) 88925591；http://zjdxcbs.tmall.com

浙江省科技特派员扶贫项目“石灰石矿区植被种质资源与生态修复(2017—2018)”

浙江省农业资源与环境重点实验室　　资助

中央高校基本科研业务费专项资金（2019FZJD007）

《三衢山喀斯特地貌原生态引种植物》作者名单

主要作者 徐正浩 浙江大学

浙江省衢州市常山县辉埠镇人民政府

浙江省湖州市农业科学研究院

陈中平 浙江大学

陈新建 浙江省衢州市常山县林业水利局

季卫东 浙江省衢州市常山县农业农村局

余黎红 浙江省衢州市常山县林业调查规划设计队

李余新 浙江省衢州市常山县天马街道经济发展服务中心

联合作者 霍银斌 安徽禹皇土特产有限公司

姚一帆 湖州新开元碎石有限公司

姚金根 湖州新开元碎石有限公司

徐越畅 浙江理工大学

邹才超 湖州新开元碎石有限公司

汪　洁 浙江省耕地质量与肥料管理总站

张宏伟 浙江清凉峰国家级自然保护区管理局

俞春莲 浙江省常山油茶研究所

王昆喜 浙江省衢州市常山县油茶公园管理处

徐婉婷 浙江省衢州市常山县油茶公园管理处

其他作者 （按姓氏音序排列）

柏　超 浙江省湖州市长兴县农业技术推广服务总站

常　乐 浙江大学

陈一君 浙江省种植业管理局

代英超 浙江清凉峰国家级自然保护区管理局

邓美华 浙江大学

符　晶 浙江省常山油茶研究所

顾哲丰 浙江大学

郭　静　浙江省衢州市常山县林业水利局
黄广远　浙江省常山油茶研究所
黄良华　浙江省衢州市常山县林业水利局
李　军　浙江省湖州市安吉县植保站
林加财　浙江省衢州市常山县农业农村局
刘生有　浙江省衢州市常山县林业水利局
吕　进　浙江省湖州市植物保护检疫站
吕俊飞　浙江大学
孟华兵　浙江省湖州市吴兴区农业技术推广服务中心
戚航英　浙江省诸暨市农业技术推广中心
任叶叶　浙江大学
孙　莉　浙江省湖州市南浔区农业技术推广服务中心
王仪春　浙江省湖州市植物保护检疫站
王玉猛　浙江省衢州市常山县农业农村局
肖忠湘　浙江大学
徐　武　浙江省衢州市常山县农业农村局
徐勇敢　浙江省衢州市常山县林业水利局
杨凤丽　浙江省湖州市德清县农业技术推广中心
余立芳　浙江省衢州市常山县林业水利局
张　滕　浙江大学
张冬勇　浙江省衢州市常山县油茶公园管理处
张勉一　浙江大学
张志慧　浙江省衢州市常山县农业农村局
朱丽青　浙江大学
诸茂龙　浙江省湖州市安吉县植保站

前　言

被子植物种系发生学组（APG）分类系统是基于植物分子系统发育规律的被子植物分类方法，已被科学界所认同。本书根据APG分类系统，介绍了浙江省衢州市常山县的三衢山石林景区喀斯特地貌的130种引种植物，包括乔木、灌木和草本植物。其中的一些引种植物，由于在APG分类系统中信息不详，所以仍然按以往植物学分类方法予以阐述。

本书基于APG分类系统对引种植物进行归类，并进行系统介绍，对普及APG分类系统具有推动作用。为了更好地介绍每种引种植物，本书根据APG分类系统，对44科的植物分类地位进行了较为详细的阐述。读者可了解APG分类系统的最新研究进展。

本书在利用APG分类系统进行植物分类的基础上，对收录引种植物的形态学鉴别特征也进行了详细描述。每种引种植物都配有原色图谱，使从事相关研究的人士在了解APG分类系统的同时，更好地鉴别引种植物。

喀斯特地貌中的引种植物通常栽植于绿地、路边、山甸等生境，经多年的适应，逐渐成为喀斯特地貌植物多样性的重要组成部分。一些引种植物还在岩石山地生长，不断适应岩石生境地貌，融入喀斯特地貌的生物圈。

本书按科共分为44章。本书介绍的与以往植物分类系统差异较大的科有柏科（Cupressaceae）、五列木科（Pentaphylacaceae）、五福花科（Adoxaceae）、天门冬科（Asparagaceae）、黄杨科（Buxaceae）、无患子科（Sapindaceae）、丝缨花科（Garryaceae）、金丝桃科（Hypericaceae）、绣球花科（Hydrangeaceae）、石蒜科（Amaryllidaceae）等。

由于作者水平有限，著作中错误在所难免，敬请批评指正！

徐正浩

2019年2月于杭州

目　录

第1章

苏铁科 Cycadaceae

苏铁科（Cycadaceae）隶属苏铁目（Cycadales），具1属，含113种。树干圆柱形，直立，常密被宿存的木质叶基。叶有鳞叶与营养叶两种，两者成环交互着生。鳞叶小，褐色，密被粗糙的毡毛。营养叶大，羽状深裂，稀叉状二回羽状深裂，革质，集生于树干上部，呈棕榈状。羽状裂片窄长，条形或条状披针形，中脉显著，基部下延，叶轴基部的小叶变成刺状，脱落时通常叶柄基部宿存。幼叶的叶轴及小叶呈拳卷状。雌雄异株。雄球花（小孢子叶球）长卵圆形或圆柱形，小孢子叶扁平，楔形，下面着生多数单室的花药，花药无柄，通常3~5个聚生，药室纵裂。大孢子叶中下部狭窄，呈柄状，两侧着生2~10颗胚珠。外种皮肉质，中种皮木质，常具2棱，稀3棱，内种皮膜质，在种子成熟时则破裂。子叶2片，常于基部（近胚根的一端）联合，发芽时不出土。

1. 苏铁 *Cycas revoluta* Thunb.

中文异名：铁树、辟火蕉、凤尾蕉、凤尾松

英文名：sago palm，king sago，sago cycad，Japanese sago palm

分类地位：植物界（Plantae）

裸子植物门（Gymnospermae）

苏铁纲（Cycadopsida）

苏铁目（Cycadales）

苏铁科（Cycadaceae）

苏铁属（*Cycas* Linn.）

苏铁（*Cycas revoluta* Thunb.）

形态学鉴别特征：树干高2m，稀达8m或更高，圆柱形。根系发达，粗壮。植株高2m，稀达3m以上。羽状叶从茎的顶部生出，下层的向下弯，上层的斜上伸展，整个羽状叶的轮廓呈倒卵状狭披针形，长75~200cm，叶轴横切面四方状圆形，柄略成四角形，两侧有齿状刺，水平或略斜上伸展，刺长2~3mm。羽状裂片达100对以上，条形，厚革质，坚硬，长9~18cm，宽4~6mm，向上斜展，微呈“V”字形，边缘显著地向下反卷，上部微渐窄，先端有刺状尖头，基部窄，两侧不对称，下侧下延生长，叶面深绿色有光泽，中央微凹，凹槽内有稍隆起的中脉，叶背浅绿色，中脉显著隆起，两侧有疏柔毛或无毛。雄球花圆柱形，长30~70cm，径

苏铁羽状叶（徐正浩摄）

苏铁大孢子叶和种子（徐正浩摄）

苏铁种子（徐正浩摄）

苏铁种子成熟期植株（徐正浩摄）

8~15cm，有短梗，小孢子叶窄楔形，长3.5~6cm，顶端宽平，其两角近圆形，宽1.7~2.5cm，有急尖头，尖头长5mm，直立，下部渐窄，叶面近于龙骨状，叶背中肋及顶端密生黄褐色或灰黄色长茸毛，花药通常 3个聚生。大孢子叶长14~22cm，密生淡黄色或淡灰黄色茸毛，上部的顶片卵形至长卵形，边缘羽状分裂，裂片12~18对，条状钻形，长2.5~6cm，先端有刺状尖头，胚珠2~6颗，生于大孢子叶柄的两侧，有茸毛。种子红褐色或橘红色，倒卵圆形或卵圆形，稍扁，长2~4cm，径1.5~3cm，密生灰黄色短茸毛，后渐脱落，中种皮木质，两侧有两条棱脊，上端无棱脊或棱脊不显著，顶端有尖头。

生物学特性：花期6—7月，种子10月成熟。苏铁喜暖热湿润的环境，不耐寒冷，生长甚慢，寿命200年。在我国南方热带及亚热带南部10年以上的树木几乎每年开花结实，而长江流域及北方各地栽培的苏铁常终生不开花或偶尔开花结实。

生境特征：生于草地、低山坡等。在三衢山喀斯特地貌中栽植于花境、草地等生境。

分布：中国福建、台湾、广东等地有分布。日本南部、菲律宾和印度尼西亚也有分布。

第2章

柏科 Cupressaceae

柏科（Cupressaceae）隶属松目（Pinales），具27~30属，含130~140种。柏科植物为乔木或灌木。雌雄同株、雌雄混株或雌雄异株。树皮通常橘黄色至红棕色，纤维质地，呈垂直条状刨片或剥落片，但一些种树皮光滑，鳞状，或呈硬方格状裂片。

叶片螺旋状，成对交叉对生或交叉轮生，每轮3~4片小叶。一些属幼树时，叶为针叶，而成树变为小鳞叶；而一些属全生育期为针叶。多数常绿树叶片能保持2~10年不落。水松属（*Glyptostrobus* Endl.）、水杉属（*Metasequoia* Miki ex Hu et Cheng）和落羽杉属（*Taxodium* Rich.）为落叶树种。球果木质、革质或肉质，每个鳞片具1至几颗胚珠。苞片状鳞片和胚珠状鳞片除顶端外合生，其中位于胚珠状鳞片上的苞片状鳞片可见，呈刺状。球果鳞片呈螺旋状，交叉对生，或轮状。种子小，扁平，具2个狭翅，位于种子下方，稀三角状（如星鳞柏属（*Actinostrobus* Miq.）），具3个翅。一些属（如水松属和甜柏属（*Libocedrus* Endl.））其中一个翅显著大于另一个翅；而一些属（如刺柏属、胡柏属（*Microbiota* Kom.）、侧柏属（*Platycladus* Spach））种子大，无翅。子叶常2片，但一些种达6片。

1. 水杉 *Metasequoia glyptostroboides* Hu et W. C. Cheng

中文异名：活化石、梳子杉

英文名：dawn redwood

分类地位：植物界（Plantae）

松柏门（Pinophyta）

松柏纲（Pinopsida）

松目（Pinales）

柏科（Cupressaceae）

水杉属（*Metasequoia* Miki ex Hu et Cheng）

水杉（*Metasequoia glyptostroboides* Hu et W. C. Cheng）

形态学鉴别特征：落叶乔木。树干挺拔，植株高大。树皮灰色、灰褐色或暗灰色，幼树裂成薄片脱落，老树裂成长条状脱落。枝斜展，小枝下垂，幼树树冠尖塔形，老树树冠广圆形，枝叶稀疏。冬芽卵圆形或椭圆形。叶条形，长0.8~3.5cm，宽1~2.5mm，叶面淡绿色，叶背色较淡，在侧生小枝上排成2列，羽状。雌雄同株。球果下垂，近四棱状球形或矩圆状球形，成熟

水杉树干（徐正浩摄）

前绿色，成熟时深褐色，长1.8~2.5cm，径1.6~2.5cm，梗长2~4cm。种子扁平，倒卵形，间或圆形或矩圆形，周围有翅，先端有凹缺，长3.5~5mm，径3~4mm。子叶2片，条形。

生物学特性：花期2月下旬，球果11月成熟。

生境特征：多栽植于河流两旁、湿润山坡及沟谷中。少数为野生树木，常与杉木、茅栗、锥栗、枫香、漆树、灯台树、响叶杨、利川润楠等树种混生。喜气候温和、夏秋多雨、酸性黄壤土生境。在三衢山喀斯特地貌中栽植于溪边、绿地、山地、路边等生境。

分布：中国特有珍贵树种，分布于中国重庆石柱县及湖北利川市磨刀溪、水杉坝一带，还有湖南西北部龙山县、桑植县等地。

水杉干枝（徐正浩摄）

水杉枝叶（徐正浩摄）

水杉叶序（徐正浩摄）

水杉居群（徐正浩摄）

2. 池杉 *Taxodium distichum* var. *imbricatum* (Nuttall) Croom

中文异名：沼落羽松、池柏、沼衫

拉丁文异名：*Taxodium ascendens* Brongn.

英文名：pond cypress

分类地位：植物界（Plantae）

松柏门（Pinophyta）

松柏纲（Pinopsida）

松目（Pinales）

柏科（Cupressaceae）

落羽杉属（*Taxodium* Rich.）

池杉（*Taxodium distichum* var. *imbricatum*（Nuttall）Croom）

形态学鉴别特征：落叶乔木。在原产地高达25m。树干基部膨大，树皮褐色，纵裂成长条片脱落，枝条向上伸展，树冠较窄，呈尖塔形。叶钻形，微内曲，在枝上螺旋状伸展，上部微向外伸展或近直展，下部通常贴近小枝，基部下延，长4~10mm，宽0.5~1mm，向上渐窄，先端有渐尖的锐尖头，叶背有棱脊，叶面中脉微隆起。球果圆球形或矩圆状球形，有短梗，向下斜垂，或熟时褐黄色，长2~4cm，径1.8~3cm。种鳞木质，盾形，中部种鳞高1.5~2cm。种子不规则三角形，微扁，红褐色，长1.3~1.8cm，宽0.5~1.1cm，边缘有锐脊。

生物学特性：花期3—4月，球果10月成熟。耐水湿，生于沼泽地区及湿地上。

池杉树干（徐正浩摄）

池杉叶（徐正浩摄）

池杉果实（徐正浩摄）

池杉果期植株（徐正浩摄）

生境特征：在三衢山喀斯特地貌中栽植于绿地、岩石山地、路边等生境。

分布：原产于北美洲南部。中国长江南北水网地区有分布。

3. 日本柳杉 *Cryptomeria japonica* (Linn. f.) D. Don

中文异名：柳杉、长叶孔雀松

英文名：Japanese sugi pine，Japanese red-cedar

分类地位：植物界（Plantae）

松柏门（Pinophyta）

松柏纲（Pinopsida）

松目（Pinales）

柏科（Cupressaceae）

柳杉属（*Cryptomeria* D. Don）

日本柳杉（*Cryptomeria japonica*（Linn. f.）D. Don）

形态学鉴别特征：常绿乔木。树皮红棕色，纤维状，裂成长条片脱落。大枝近轮生，平展或斜展。小枝细长，常下垂，绿色，枝条中部的叶较长，常向两端逐渐变短。植株高达40m，胸径可达2m。叶钻形，直伸，先端通常不内曲，四边有气孔线，长1~1.5cm，果枝的叶通常较短，有时长不及1cm，幼树及萌芽枝的叶长达2.4cm。雄球花单生于叶腋，长椭圆形，长5~7mm，集生于小枝上部，呈短穗状花序。雌球花顶生于短枝上。球果圆球形或扁球形，径1~2cm。种鳞15~20个，上部有4~5个短三角形裂齿，齿长2~4mm，基部宽1~2mm，鳞背中

日本柳杉植株（徐正浩摄）

日本柳杉种子成熟期植株（徐正浩摄）

部或中下部有一个三角状分离的苞鳞尖头，尖头长3~5mm，基部宽3~14mm，能育的种鳞有2粒种子。种子褐色，近椭圆形，扁平，长4~6.5mm，宽2~3.5mm，边缘有窄翅。

生物学特性：花期4月，球果10月成熟。

生境特征：在三衢山喀斯特地貌中栽植于绿地、溪边、岩石山地等生境。

分布：孑遗植物。原产于日本。

日本柳杉球果（徐正浩摄）

4. 龙柏 *Juniperus chinensis* Linn. 'Kaizuka'

拉丁文异名：*Sabina chinensis* (Linn.) Ant. 'Kaizuca'

分类地位：植物界（Plantae）

松柏门（Pinophyta）

松柏纲（Pinopsida）

松目（Pinales）

柏科（Cupressaceae）

刺柏属（*Juniperus* Linn.）

龙柏（*Juniperus chinensis* Linn. 'Kaizuka'）

形态学鉴别特征：圆柏的栽培变种。常绿乔木。树冠窄圆柱形或柱状塔形。大枝扭转向上。侧枝短，环抱树干。小枝密集。鳞叶紧密排列，幼时鲜黄绿色，老时灰绿色。

生物学特性：喜光树种。

生境特征：在三衢山喀斯特地貌中栽植于绿地、路边等生境。

分布：中国内蒙古、河北、山西、山东、江苏、浙江、福建等地有分布。朝鲜、日本也有分布。

龙柏鳞叶（徐正浩摄）

龙柏花境植株（徐正浩摄）

5. 落羽杉 *Taxodium distichum* (Linn.) Rich.

中文异名：落羽松

英文名：bald cypress，baldcypress，bald-cypress，cypress，southern-cypress，white-cypress，tidewater red-cypress，Gulf-cypress，red-cypress，swamp cypress

分类地位：植物界（Plantae）

松柏门（Pinophyta）

松柏纲（Pinopsida）

松目（Pinales）

柏科（Cupressaceae）

落羽杉属（*Taxodium* Rich.）

落羽杉（*Taxodium distichum*（Linn.）Rich.）

落羽杉枝叶（徐正浩摄）

形态学鉴别特征：落叶或半落叶乔木。在原产地高达50m，胸径可达2m。树干尖削度大，干基通常膨大，树皮棕色，裂成长条片脱落，枝条水平开展，幼树树冠圆锥形，老则呈宽圆锥状。叶条形，扁平，基部扭转，在小枝上排成2列，羽状，长1~1.5cm，宽0.5~1mm，先端尖，叶面中脉凹下，淡绿色，叶背黄绿色或灰绿色，中脉隆起。雄球花卵圆形，有短梗，在小枝顶端排列成总状花序或圆锥花序。球果球形或卵圆形，有短梗，向下斜垂，成熟时淡褐黄色，有白粉，径2~2.5cm。种鳞木质，盾形，顶部有明显或微明显的纵槽。种子不规则三角形，有锐棱，长1.2~1.8cm，褐色。

生物学特性：球果10月成熟。

生境特征：在三衢山喀斯特地貌中栽植于绿地、溪边、路边等生境。

分布：孑遗植物。原产于北美洲及墨西哥。

落羽杉羽状复叶（徐正浩摄）

落羽杉植株（徐正浩摄）

第3章

红豆杉科 Taxaceae

红豆杉科（Taxaceae）隶属松目（Pinales）/柏目（Cupressales），具7属，含30种。多分枝小乔木或灌木。叶常绿，螺旋状排列，基部常扭曲，呈2列。叶线形至披针形，背面灰绿色或具白色气孔带。雌雄异株，稀雌雄同株。雄球果长2~5mm，早春散放花粉。雌球果高度退化，仅有1个胚珠鳞片和1粒种子。随着种子成熟，胚珠鳞片发育为肉质假种皮，部分包裹种子。成熟假种皮色泽鲜艳，柔软，多汁，具甜味。种子含紫杉碱和紫杉酚，对人具剧毒。

1. 南方红豆杉 *Taxus wallichiana* var. *mairei* (Lemée ex H. Lév.) L. K. Fu et Nan Li

中文异名：血柏、红叶水杉、海罗松、榧子木、赤椎、杉公子、美丽红豆杉、蜜柏

分类地位：植物界（Plantae）

松柏门（Pinophyta）

松柏纲（Pinopsida）

松目（Pinales）/柏目（Cupressales）

红豆杉科（Taxaceae）

红豆杉属（*Taxus* Linn.）

南方红豆杉（*Taxus wallichiana* var. *mairei*（Lemée ex H. Lév.）L. K. Fu et Nan Li）

形态学鉴别特征：乔木，高达30m，胸径达60~100cm。树皮灰褐色、红褐色或暗褐色，裂成条片脱落。大枝开展，一年生枝绿色或淡黄绿色，秋季变成绿黄色或淡红褐色，二、三年生枝黄褐色、淡红褐色或灰褐色。冬芽黄褐色、淡褐色或红褐色，有光泽，芽鳞三角状卵形，背部无脊或有纵脊，脱落或少数宿存于小枝的基部。叶排成2列，条形，微弯或较直，长1~3cm，宽2~4mm，上部微渐窄，先端常微急尖，稀急尖或渐尖，叶面深绿色，有光泽，叶背淡黄绿色，有两条气孔带，中脉带上有密生均匀而微小的圆形角质乳头状突起点，常与气孔带同色，稀色较浅。雄球花淡黄色，雄蕊8~14枚，花药4~8个。种子生于杯状红色肉质的假种皮中，间或生于近膜质盘状的种托（即未发育成肉质假种皮的珠托）之上，常呈卵圆形，上部渐窄，稀倒卵状，长5~7mm，径3.5~5mm，微扁或圆，上部常具2条钝棱脊，稀上部具3条钝脊呈三角状，先端有凸起的短钝尖头，种脐近圆形或宽椭圆形，稀三角状圆形。

南方红豆杉叶面（徐正浩摄）

南方红豆杉叶背（徐正浩摄）

南方红豆杉种子（徐正浩摄）

南方红豆杉种子成熟期植株（徐正浩摄）

生物学特性：早春授粉，秋季种子成熟。

生境特征：生于山地、山坡等。在三衢山喀斯特地貌中栽植于草地、绿地等生境。

分布：中国华中、华北、东南沿海等地有分布。印度、缅甸、印度尼西亚和菲律宾也有分布。

第4章

松科 Pinaceae

松科（Pinaceae）具11属，含220~250种，多产于北半球；中国具10属113种。松科植物为常绿或落叶乔木。枝常为长枝，短枝明显。叶条形或针形。条形叶扁平，长枝上螺旋状散生，短枝上簇生状。针形叶成束，常2~5针，稀1针，生于短枝顶端，基部叶鞘包裹。花单性，雌雄同株。雄球花腋生或单生于枝顶，或多数集生于短枝顶端，具多数螺旋状着生的雄蕊，每枚雄蕊具2个花药，花粉有气囊或无气囊，或具退化气囊。雌球花由多数螺旋状着生的珠鳞与苞鳞所组成，花期时珠鳞小于苞鳞，稀珠鳞较苞鳞为大，每片珠鳞的腹面具2颗倒生胚珠，背面的苞鳞与珠鳞分离，仅基部合生，花后珠鳞增大发育成种鳞。球果直立或下垂，当年或次年稀第三年成熟，熟时张开。种鳞背腹面扁平，木质或革质，宿存或熟后脱落。苞鳞与种鳞离生，仅基部合生，较长而露出或不露出，或短小而位于种鳞的基部。种鳞的腹面基部有2粒种子，种子通常上端具1个膜质翅，稀无翅。胚具2~16片子叶，发芽时出土或不出土。

1. 湿地松 *Pinus elliottii* Engelm.

英文名：slash pine

分类地位：植物界（Plantae）

松柏门（Pinophyta）

松柏纲（Pinopsida）

松目（Pinales）

松科（Pinaceae）

松属（*Pinus* Linn.）

湿地松（*Pinus elliottii* Engelm.）

形态学鉴别特征：乔木，在原产地高达30m，胸径90cm。树皮灰褐色或暗红褐色，纵裂成鳞状块片剥落。枝条每年生长3~4轮，春季生长的节间较长，夏秋生长的节间较短，小枝粗壮，橙褐色，后变为褐色至灰褐色，鳞叶上部披针形，淡褐色，边缘有睫毛，干枯后宿存数年不落，故小枝粗糙。冬芽圆柱形，上部渐窄，无树脂，芽鳞淡灰色。针叶2~3针一束并存，长18~25cm，稀达30cm，径2mm，刚硬，深绿色，有气孔线，边缘有锯齿。树脂道2~11个，多内生。叶鞘长1.2cm。球果圆锥形或窄卵圆形，长6.5~13cm，径3~5cm，有梗，种鳞张开后径5~7cm，成熟后于第二年夏季脱落。种鳞的鳞盾近斜方形，肥厚，有锐横脊，鳞脐瘤状，宽

湿地松树干（徐正浩摄）

湿地松枝叶（徐正浩摄）

湿地松球果（徐正浩摄）

5~6mm，先端急尖，长不及1mm，直伸或微向上弯。种子卵圆形，微具3棱，长6mm，黑色，有灰色斑点，种翅长0.8~3.3cm，易脱落。

生物学特性：耐水湿，生长势常比同地区的马尾松或黑松好，很少受松毛虫危害。

生境特征：生于山地、丘陵等。在三衢山喀斯特地貌中习见，栽植于山地、岩石山坡、路边等生境。

分布：原产于美国东南部。中国华中、东南沿海、台湾有分布。

湿地松植株（徐正浩摄）

2. 黑松 *Pinus thunbergii* Parl.

中文异名：日本黑松

英文名：black pine，Japanese black pine，Japanese pine

分类地位：植物界（Plantae）

松柏门（Pinophyta）

松柏纲（Pinopsida）

松目（Pinales）

松科（Pinaceae）

松属（*Pinus* Linn.）

黑松（*Pinus thunbergii* Parl.）

形态学鉴别特征：常绿乔木。幼树树皮暗灰色，老则灰黑色，粗厚，裂成块片脱落。枝条开展，树冠宽圆锥状或伞形。一年生枝淡褐黄色，无毛。冬芽银白色，圆柱状椭圆形或圆柱形，顶端尖，芽鳞披针形或条状披针形，边缘白色丝状。高达30m，胸径可达2m。针叶2针一束，深绿色，有光泽，粗硬，长6~12cm，径1.5~2mm，边缘有细锯齿，背腹面均有气孔线。横切面皮下层细胞1~2层连续排列，两角上2~4层，树脂道6~11个，中生。雄球花淡红褐色，圆柱形，长1.5~2cm，聚生于新枝下部。雌球花单生或2~3个聚生于新枝近顶端，直立，有梗，卵圆形，淡紫红色或淡褐红色。球果成熟前绿色，成熟时褐色，圆锥状卵圆形或卵圆形，长4~6cm，径3~4cm，有短梗，向下弯垂。中部种鳞卵状椭圆形，鳞盾微肥厚，横脊显著，鳞脐微凹，有短刺。种子倒卵状椭圆形，长5~7mm，径2~3.5mm，连翅长1.5~1.8cm，种翅灰褐色，有深色条纹。子叶5~10片，长2~4cm。初生叶条形，长1.5~2cm，叶缘具疏生短刺毛，或近全缘。

黑松树干（徐正浩摄）

生物学特性：花期4—5月，种子翌年10月成熟。

生境特征：生于山地、丘陵等。在三衢山喀斯特地貌中习见，栽植于山地、山甸、山坡等。

分布：原产于日本和朝鲜。

黑松针叶（徐正浩摄）

黑松雌花球（徐正浩摄）

黑松花序（徐正浩摄）

黑松球果（徐正浩摄）

黑松植株（徐正浩摄）

黑松花期植株（徐正浩摄）

3. 日本五针松 *Pinus parviflora* Sieb. et Zucc.

中文异名：五须松、五针松、日本五须松

英文名：five-neele pine，Ulleungdo white pine，Japanese white pine

分类地位：植物界（Plantae）

松柏门（Pinophyta）

松柏纲（Pinopsida）

松目（Pinales）

松科（Pinaceae）

松属（*Pinus* Linn.）

日本五针松（*Pinus parviflora* Sieb. et Zucc.）

形态学鉴别特征：常绿乔木。在原产地高达25m，胸径可达1m。幼树树皮淡灰色，平滑，大树树皮暗灰色，枝平展，树冠圆锥形，冬芽卵圆形，无树脂。针叶5针一束，微弯曲，长3.5~5.5cm，径不及1mm，边缘具细锯齿，背面暗绿色。球果卵圆形或卵状椭圆形，几无梗，熟时种鳞张开，长4~7.5cm，径3.5~4.5cm。种子不规则倒卵圆形，近褐色，具黑色斑纹，长

日本五针松枝叶（徐正浩摄）

日本五针松叶（徐正浩摄）

日本五针松花序（徐正浩摄）

日本五针松球果（徐正浩摄）

日本五针松球果枝条（徐正浩摄）

8~10mm，径5~7mm，种翅宽6~8mm。

生物学特性：喜光，稍耐阴。生长缓慢。

生境特征：在三衢山喀斯特地貌中栽植于绿地、路边等生境。

分布：原产于日本。

4. 雪松 *Cedrus deodara* (Roxb.) G. Don

英文名：deodar

分类地位：植物界（Plantae）

松柏门（Pinophyta）

松柏纲（Pinopsida）

松目（Pinales）

松科（Pinaceae）

雪松属（*Cedrus* Trew）

雪松（*Cedrus deodara*（Roxb.）G. Don）

形态学鉴别特征：常绿乔木。高可达50m，胸径可达3m，树皮深灰色，裂成不规则的鳞状块片，枝平展、微斜展或微下垂，基部宿存芽鳞向外反曲，小枝常下垂。叶在长枝上辐射伸展，针形，坚硬，淡绿色或深绿色，长2.5~5cm，宽1~1.5mm，上部较宽，先端锐尖，下部渐窄。雄球花长卵圆形或椭圆状卵圆形，长2~3cm，径0.7~1cm。雌球花卵圆形，长6~8mm，径

雪松叶（徐正浩摄）

雪松树梢（徐正浩摄）

雪松景观植株（徐正浩摄）

4~5mm。球果成熟前淡绿色，微有白粉，成熟时红褐色，卵圆形或宽椭圆形，长7~12cm，径5~9cm，顶端圆钝，有短梗。种子近三角状，种翅宽大。

生物学特性：种子10月成熟。

生境特征：在三衢山喀斯特地貌中栽植于绿地等生境。

分布：原产于中国西南地区。阿富汗、印度、尼泊尔和巴基斯坦也有分布。

第5章

山茱萸科 Cornaceae

在APG分类系统中，原八角枫科（Alangiaceae）已合并入山茱萸科（Cornaceae）。合并后的山茱萸科，归属山茱萸目（Cornales），具2属，即八角枫属（*Alangium* Lam.）和山茱萸属（*Cornus* Linn.），含85种植物。山茱萸科植物多数为落叶或常绿树木和灌木，也有一些为多年生草本。合并后的山茱萸科的特征描述依然不明确。一些种单叶对生或互生，花序或假单花由4朵或5朵花簇生，果实为核果。

1. 灯台树　*Cornus controversa* Hemsl.

中文异名：瑞木、六角树

英文名：wedding cake tree

分类地位：植物界（Plantae）

被子植物门（Angiospermae）

双子叶植物纲（Dicotyledoneae）

山茱萸目（Cornales）

山茱萸科（Cornaceae）

山茱萸属（*Cornus* Linn.）

灯台树（*Cornus controversa* Hemsl.）

形态学鉴别特征：落叶乔木。高3~13m。树皮暗灰色，枝条紫红色，后变淡绿色，皮孔及叶痕明显。叶互生，宽卵圆形或宽椭圆状卵形，长5~9cm，宽4~7.5cm，先端急尖，稀渐尖，基部圆形，叶面深绿色，叶背灰绿色，疏生伏毛，侧脉6~9对，叶柄1~5cm，带紫红色。伞房状聚伞花序顶生，径7~13cm，稍被短柔毛。花小，白色。萼筒椭圆形，长1~1.5mm，密被灰白色贴生的短柔毛。萼齿三角形。花瓣4片，长披针形。雄蕊4枚，无毛，与花瓣互生，稍伸出花外。子房下位，花柱圆柱形，无毛。核果近球形，径5~6mm，紫红色至蓝黑色。种子具胚乳，

灯台树叶（徐正浩摄）

灯台树花（徐正浩摄）

灯台树花序（徐正浩摄）

灯台树果实（徐正浩摄）

灯台树花果期植株（徐正浩摄）

种皮膜质。

生物学特性：花期5—6月，果期8—9月。

生境特征：生于阔叶林或针阔叶混交林中。在三衢山喀斯特地貌中习见，栽植于岩石山地、灌木丛、路边、石缝、草地、山甸等生境。

分布：中国长江以南，以及陕西、甘肃等地有分布。朝鲜、日本、印度、尼泊尔、不丹等国也有分布。

第6章

杨梅科 Myricaceae

杨梅科（Myricaceae）隶属壳斗目（Fagales），具3属。杨梅科植物为常绿或落叶乔木或灌木，具芳香。芽小，具芽鳞。单叶互生，具叶柄，具羽状脉，边缘全缘或具锯齿。花常单性，风媒，无花被，无梗。雌雄异株或同株。雄花单生或簇生，或复合成圆锥状花序。雌雄同序者则穗状花序的下端为雄花，上端为雌花。雄花单生于苞片腋内，不具或具2~4片小苞片；雄蕊2枚至多枚；花丝短，离生或稍稍合生；花药直立；药隔不显著；有时存在钻形的退化子房。雌花在每一苞片腋内单生或稀2~4个集生，通常具2~4片小苞片；雌蕊由2枚心皮合生而成，无柄，子房1室，具1颗直生胚珠；胚珠无柄，具1层珠被，珠孔向上；花柱极短或几乎无花柱，具2个（稀1个或3个）细长的丝状或薄片状的柱头。核果小坚果状，具薄而疏松的或坚硬的果皮，或为球状或椭圆状的较大核果。种子直立，具膜质种皮，无胚乳或胚乳极贫乏。胚伸直，子叶肉质。

1. 杨梅　*Myrica rubra* (Lor.) Sieb. et Zucc.

中文异名：山杨梅、朱红、珠蓉、树梅

英 文 名：Chinese bayberry，Japanese bayberry，red bayberry，yumberry，waxberry，Chinese strawberry

分类地位：植物界（Plantae）

被子植物门（Angiospermae）

双子叶植物纲（Dicotyledoneae）

壳斗目（Fagales）

杨梅科（Myricaceae）

杨梅属（*Myrica* Linn.）

杨梅（*Myrica rubra*（Lor.）Sieb. et Zucc.）

形态学鉴别特征：多年生常绿乔木。根系较浅，主根不明显，须根发达，在60cm深的土层内分布最多，少数有深达1m左右的。根系水平分布大于树冠。高可达15m以上，胸径达60余厘米。树皮灰色，老时纵向浅裂。树冠圆球形。小枝及芽无毛，皮孔通常少而不显著，幼嫩时仅被圆形而盾状着生的腺体。叶革质，无毛，生存至第二年脱落，常密集于小枝上端部分。多生于萌发条上者为长椭圆状或楔状披针形，长达16cm以上，顶端渐尖或急尖，边缘中部以上具稀疏的锐锯齿，中部以下常为全缘，基部楔形。生于孕性枝上者为楔状倒卵形或长椭圆状倒卵

形，长5~14cm，宽1~4cm，顶端圆钝或具短尖至急尖，基部楔形，全缘或偶有在中部以上具少数锐锯齿，叶面深绿色，有光泽，叶背浅绿色，无毛，仅被有稀疏的金黄色腺体，干燥后中脉及侧脉在叶片两面均显著，在叶背更为隆起。叶柄长2~10mm。雌雄异株。雄花序单独或数条丛生于叶腋，圆柱状，长1~3cm，通常不分枝呈单穗状，稀在基部有不显著的极短分枝现象，基部的苞片不孕，孕性苞片近圆形，全缘，背面无毛，仅被有腺体，长1mm，每片苞片腋内生1朵雄花。雄花具2~4片卵形小苞片及4~6枚雄蕊。花药椭圆形，暗红色，无毛。雌花序常单生于叶腋，较雄花序短而细瘦，长5~15mm，苞片和雄花的苞片相似，密接而成覆瓦状排列，每片苞片腋内生1朵雌花。雌花通常具4片卵形小苞片。子房卵形，极小，无毛，顶端极短的花柱及2个鲜红色的细长柱头，其内侧为具乳头状凸起的柱头面。每个雌花序仅上端1朵（稀2朵）雌花能发育成果实。核果球状，外表面具乳头状突起，径1~1.5cm，栽培品种可达3cm左右，外果皮肉质，多汁液及树脂，味酸甜，成熟时深红色或紫红色。种子常为阔椭圆形或圆卵形，略成压扁状，长1~1.5cm，宽1~1.2cm，内果皮极硬，木质。

杨梅树干（徐正浩摄）

生物学特性：4月开花，6—7月果实成熟。

生境特征：生于山坡或山谷林中，喜酸性土壤。在三衢山喀斯特地貌中栽植于绿地、低山坡、草地等生境。

杨梅叶序（徐正浩摄）

杨梅花序（徐正浩摄）

杨梅果期植株（徐正浩摄）

杨梅生境植株（徐正浩摄）

杨梅景观植株（徐正浩摄）

分布：原产于中国西南、华南、东南和华东地区。菲律宾、朝鲜半岛和日本也有分布。

第7章

小檗科 Berberidaceae

APG分类系统中，小檗科（Berberidaceae）隶属毛茛目（Ranunculales），具18属，700种。乔木、灌木或多年生草本。

1. 南天竹 *Nandina domestica* Thunb.

中文异名：蓝田竹

英文名：nandina，heavenly bamboo，sacred bamboo

分类地位：植物界（Plantae）

被子植物门（Angiospermae）

双子叶植物纲（Dicotyledoneae）

毛茛目（Ranunculales）

小檗科（Berberidaceae）

南天竹属（*Nandina* Thunb.）

南天竹（*Nandina domestica* Thunb.）

形态学鉴别特征：多年生常绿灌木。常绿小灌木。茎常丛生而少分枝，高1~3m，光滑无毛，幼枝常为红色，老后呈灰色。叶互生，集生于茎的上部，三回羽状复叶，长30~50cm。二回至三回羽片对生。小叶薄革质，椭圆形或椭圆状披针形，长2~10cm，宽0.5~2cm，顶端渐尖，基部楔形，全缘，叶面深绿色，冬季变红色，叶背叶脉隆起，两面无毛。叶近无柄。圆锥花序直立，长20~35cm。花小，白色，具芳香，直径6~7mm。萼片多轮，外轮萼片卵状三角形，长1~2mm，向内各轮渐大，最内轮萼片卵状长圆形，长2~4mm。花瓣长圆形，长4.2mm，宽2.5mm，先端圆钝。雄蕊6枚，长3.5mm，花丝短，花药纵裂，药隔延伸。子房1室，具1~3颗胚珠。浆果球形，直径5~8mm，熟时鲜红色，稀橙红色。果柄长4~8mm。

南天竹叶（徐正浩摄）

南天竹羽状复叶（徐正浩摄）

南天竹花（徐正浩摄）

南天竹果序（徐正浩摄）

南天竹植株（徐正浩摄）

南天竹果期岩石生境植株（徐正浩摄）

种子扁圆形。

生物学特性：花期3—6月，果期5—11月。

生境特征：生于山地林下沟旁、路边或灌丛中。在三衢山喀斯特地貌中栽植于景观绿地、山地、路边等生境。

分布：中国西南、华南、华东、华中和华北有分布。日本、北美洲东南部也有分布。

2. 十大功劳 *Mahonia fortunei* (Lindl.) Fedde

中文异名：细叶十大功劳

英文名：Chinese mahonia，Fortune's mahonia，holly grape

分类地位：植物界（Plantae）

被子植物门（Angiospermae）

双子叶植物纲（Dicotyledoneae）

毛茛目（Ranunculales）

小檗科（Berberidaceae）

十大功劳属（*Mahonia* Nutt.）

十大功劳（*Mahonia fortunei*（Lindl.）Fedde）

形态学鉴别特征：多年生灌木。高0.5~2m。叶倒卵形至倒卵状披针形，长10~28cm，宽8~18cm，具2~5对小叶，叶面暗绿至深绿色，叶背淡黄色，偶稍苍白色。小叶无柄或近无柄，狭披针形至狭椭圆形，长4.5~14cm，宽0.9~2.5cm，基部楔形，边缘每边具5~10个刺齿，先端急尖或渐尖。总状花序4~10个簇生，长3~7cm。花梗长2~2.5mm。苞片卵形，急尖，长1.5~2.5mm，宽1~1.2mm。花黄色。外萼片卵形或三角状卵形，长1.5~3mm，宽1~1.5mm，中萼片长圆状椭圆形，长3.8~5mm，宽2~3mm，内萼片长圆状椭圆形，长4~5.5mm，宽2.1~2.5mm。花瓣长圆形，长3.5~4mm，宽1.5~2mm。雄蕊长2~2.5mm，药隔不延伸。子房长1~2mm，无花柱，胚珠2颗。浆果球形，径4~6mm，紫黑色，被白粉。

生物学特性：花期7—9月，果期9—11月。

生境特征：在三衢山喀斯特地貌中栽植于绿地、溪边、路边、岩石山地等生境。

分布：中国华中、西南和华东等地有分布。印度尼西亚、日本、美国等国也有分布。

十大功劳花（徐正浩摄）

十大功劳花期居群（徐正浩摄）

3. 阔叶十大功劳 *Mahonia bealei* (Fort.) Carr.

英文名：beale's barberry

分类地位：植物界（Plantae）

被子植物门（Angiospermae）

双子叶植物纲（Dicotyledoneae）

毛茛目（Ranunculales）

小檗科（Berberidaceae）

十大功劳属（*Mahonia* Nutt.）

阔叶十大功劳（*Mahonia bealei*（Fort.）Carr.）

阔叶十大功劳叶（徐正浩摄）

形态学鉴别特征：多年生灌木或小乔木。高0.5~4m。叶狭倒卵形至长圆形，长25~50cm，宽10~20cm，具4~10对小叶。小叶厚革质，硬直，自叶下部往上渐次变长而狭，基部阔楔形或圆形，偏斜，有时心形，边缘每边具2~6个粗锯齿，先端具硬尖。顶生小叶较大，长7~13cm，宽3.5~10cm，柄长1~6cm。总状花序直立，常3~9个簇生。花梗长4~6cm。苞片阔卵形或卵状披针形，先端钝，长3~5mm，宽2~3mm。花黄色。外萼片卵形，长2.3~2.5mm，宽1.5~2.5mm，中萼片椭圆形，长5~6mm，宽3.5~4mm，内萼片长圆状椭圆形，长6.5~7mm，宽4~4.5mm。花瓣倒卵状椭圆形，长6~7mm，宽3~4mm，先端微缺。雄蕊长3.2~4.5mm，药隔不延伸。子房长圆状卵形，长3~3.5mm，花柱短，胚珠3~4颗。浆果卵形，长1~1.5cm，径1~1.2cm，深蓝色，被白粉。

生物学特性：花期9月至翌年1月，果期3—5月。

生境特征：在三衢山喀斯特地貌中栽植于绿地等生境。

分布：中国西南、华南、华东和华中等地有分布。

阔叶十大功劳果实（徐正浩摄）

阔叶十大功劳果序（徐正浩摄）

第8章

木兰科 Magnoliaceae

木兰科（Magnoliaceae）隶属木兰目（Magnoliales），下分2个亚科，即木兰亚科（Magnolioideae）和鹅掌楸亚科（Liriodendroideae），前者包括北美木兰属（*Magnolia* Linn.）等，而后者仅含1属，即鹅掌楸属（*Liriodendron* Linn.）。含219种。分布于北美洲亚热带东部、中美洲、西印度群岛、南美洲热带地区，以及墨西哥、印度南部和东部、斯里兰卡、马来西亚、中国、日本、朝鲜和韩国。

花被轮状着生，雄蕊和雌蕊螺旋状着生于锥形花托上。花萼和花瓣分化不明显，而花被呈花瓣状。花常两性，鲜艳，芳香，辐射对称，具伸长的花托。单叶互生，有时具锯齿。花序单一，鲜艳的花无明显的花瓣和萼片。萼片6片至多数。雄蕊多数，花丝短，花药分化不明显。心皮常多片，明显，生于伸长的花托上或轴面上。果实蓇葖果群，果实成熟时果群紧密挤压在一起，果实沿轴向开裂。木兰亚科种子被肉质种皮，种子红色至橘黄色。木兰亚科甲虫授粉，而鹅掌楸亚科则由蜜蜂授粉。北美木兰属的心皮厚，能避免甲虫伤害。木兰亚科种子由鸟传播，而鹅掌楸亚科由风扩散。

1. 含笑花　*Magnolia figo* (Lour.) DC.

中文异名：含笑

拉丁文异名：*Michelia figo* (Lour.) Spreng.

英文名：banana shrub, port wine magnolia

分类地位：植物界（Plantae）

被子植物门（Angiospermae）

双子叶植物纲（Dicotyledoneae）

木兰目（Magnoliales）

木兰科（Magnoliaceae）

北美木兰属（*Magnolia* Linn.）

含笑花（*Magnolia figo*（Lour.）DC.）

形态学鉴别特征：常绿灌木，高2~3m，树皮灰褐色，分枝繁密。芽、嫩枝，叶柄，花梗均密被黄褐色茸毛。叶革质，狭椭圆形或倒卵状椭圆形，长4~10cm，宽1.8~4.5cm，先端钝短尖，基部楔形或阔楔形，叶面有光泽，无毛，叶背中脉上留有褐色平伏毛，余处脱落无毛，叶

含笑花的花（徐正浩摄）

含笑花花期枝叶（徐正浩摄）

柄长2~4mm，托叶痕长达叶柄顶端。花直立，长12~20mm，宽6~11mm，淡黄色而边缘有时红色或紫色，具甜浓的芳香，花被6片，肉质，较肥厚，长椭圆形，长12~20mm，宽6~11mm。雄蕊长7~8mm，药隔伸出呈急尖头，雌蕊群无毛，长7mm，超出雄蕊群；雌蕊群柄长6mm，被淡黄色茸毛。聚合果长2~3.5cm。蓇葖果卵圆形或球形，顶端有短尖的喙。

含笑花花期植株（徐正浩摄）

生物学特性：花期3—5月，果期7—8月。

生境特征：生于阴坡杂木林中，溪谷沿岸尤为茂盛。

分布：原产于中国华南地区，广东鼎湖山有野生植株，现广植于全国各地。在长江流域各地需在温室越冬。

2. 二乔木兰 *Magnolia × soulangeana* Thiéb.-Bern.

中文异名：朱砂玉兰、紫砂玉兰、苏郎木兰

英文名：saucer magnolia

分类地位：植物界（Plantae）

被子植物门（Angiospermae）

双子叶植物纲（Dicotyledoneae）

木兰目（Magnoliales）

木兰科（Magnoliaceae）

北美木兰属（*Magnolia* Linn.）

二乔木兰（*Magnolia* × *soulangeana* Thiéb.-Bern.）

二乔木兰花（徐正浩摄）

形态学鉴别特征：落叶小乔木。为玉兰（*Magnolia denudata* Desr.）和紫玉兰（*Magnolia liliflora* Desr.）的杂交种。分枝低，小枝紫褐色，无毛。花芽窄卵形，密被灰黄绿色长绢毛。叶倒卵形、宽倒卵形，长6~15cm，宽4~8cm，先端短急尖，基部楔形。叶面中脉基部常有毛，叶背多少被柔毛，侧脉7~9对。叶柄长1~1.5cm。花钟状，外面淡紫色，里面白色。花萼3片，片状，绿色。花被片6~9片，外轮3片常较短，淡紫红色，内侧面白色。雄蕊长1~1.2cm，花药长3~5mm，侧向开裂。雌蕊群无毛，圆柱形，长1.2~1.5cm。聚合蓇葖果长6~8cm，径2.5~3cm。种子深褐色，侧扁。

生物学特性：花有香气。花开放先于叶长出。花期2—3月，果期9—10月。

生境特征：在三衢山喀斯特地貌中栽植于绿地等生境。

分布：中国华东、华南地区有分布。

二乔木兰花被片（徐正浩摄）

二乔木兰雌雄蕊（徐正浩摄）

二乔木兰雄蕊和雌蕊群（徐正浩摄）

二乔木兰花期景观植株（徐正浩摄）

3. 玉兰 *Magnolia denudata* Desr.

中文异名：白玉兰、木兰、玉兰花

英文名：lilytree，Yulan magnolia

分类地位：植物界（Plantae）

被子植物门（Angiospermae）

双子叶植物纲（Dicotyledoneae）

木兰目（Magnoliales）

木兰科（Magnoliaceae）

北美木兰属（*Magnolia* Linn.）

玉兰（*Magnolia denudata* Desr.）

玉兰树干（徐正浩摄）

形态学鉴别特征：落叶乔木。树皮深灰色，老时不规则块状剥落，呈粗糙开裂。小枝淡灰褐色，冬芽密被开展的淡灰绿色长柔毛。叶互生，革质，宽倒卵形或倒卵状椭圆形，长8~18cm，宽6~10cm，先端宽圆或平截，有短凸尖，基部楔形，全缘，柄长1~2.5cm。花直立，钟状，碧白色，有时基部带红晕，径12~15cm。花被片9片，长圆状倒卵形，长9~11cm，宽3.5~4.5cm。花被片内3片稍小。雌蕊群无毛。聚合果不规则圆柱形，长8~17cm，部分心皮不发育。蓇葖果木质，具白色皮孔。种子心形，黑色。

生物学特性：花芳香。花开放先于叶长出。花期3月，果期9—10月。

玉兰花枝（徐正浩摄）

玉兰叶（徐正浩摄）

玉兰花（徐正浩摄）

玉兰花被（徐正浩摄）

玉兰花瓣（徐正浩摄）

玉兰雌雄蕊（徐正浩摄）

生境特征：在三衢山喀斯特地貌中栽植于绿地等生境。

分布：中国西南、华南、华中和华东等地有分布。

玉兰雄蕊和雌蕊群（徐正浩摄）

4. 紫玉兰 *Magnolia liliiflora* Desr.

中文异名：辛夷

英文名：Mulan magnolia，purple magnolia，red magnolia，lily magnolia，tulip magnolia，Jane magnolia，woody-orchid

分类地位：植物界（Plantae）

被子植物门（Angiospermae）

双子叶植物纲（Dicotyledoneae）

木兰目（Magnoliales）

木兰科（Magnoliaceae）

北美木兰属（*Magnolia* Linn.）

紫玉兰（*Magnolia liliiflora* Desr.）

紫玉兰枝叶（徐正浩摄）

形态学鉴别特征：多年生落叶灌木。高达3m。树皮灰褐色，小枝绿紫色或淡褐紫色。叶椭圆状倒卵形或倒卵形，长8~18cm，宽3~10cm，先端急尖或渐尖，基部渐狭，下延，叶面深绿色，叶背灰绿色，侧脉每边8~10条，叶柄长8~20mm。花被片9~12片，外轮3片萼片状，紫绿色，披针形，长2~3.5cm，常早落，内2轮肉质，外面紫色或紫红色，内面带白色，花瓣状，椭圆状倒卵形，长8~10cm，宽3~4.5cm。雄蕊紫红色，长8~10mm，花药长

紫玉兰花（徐正浩摄）

紫玉兰花被片（徐正浩摄）

紫玉兰花序（徐正浩摄）

紫玉兰雌雄蕊（徐正浩摄）

5~7mm，侧向开裂，药隔伸出呈短尖头。雌蕊群长1~1.5cm，淡紫色，无毛。聚合果由深紫褐色变为褐色，圆柱形，长7~10cm。成熟蓇葖果近圆球形，顶端具短喙。

生物学特性：花开放与叶长出同时。花期3—4月，果期8—9月。

生境特征：在三衢山喀斯特地貌中栽植于绿地等生境。

分布：中国华中、华北和华南等地有分布。

紫玉兰聚合果（徐正浩摄）

5. 荷花玉兰 *Magnolia grandiflora* Linn.

中文异名：大花玉兰、洋玉兰

英文名：southern magnolia，bull bay，evergreen magnolia

分类地位：植物界（Plantae）

被子植物门（Angiospermae）

双子叶植物纲（Dicotyledoneae）

木兰目（Magnoliales）

木兰科（Magnoliaceae）

北美木兰属（*Magnolia* Linn.）

荷花玉兰（*Magnolia grandiflora* Linn.）

形态学鉴别特征：多年生常绿乔木。在原产地高达30m。树皮淡褐色或灰色，薄鳞片状开裂，小枝粗壮，小枝、芽、叶背、叶柄均密被褐色或灰褐色短茸毛。叶厚革质，椭圆形、长圆状椭圆形或倒卵状椭圆形，长10~20cm，宽4~10cm，先端钝或短钝尖，基部楔形，叶面深绿色，有光泽，侧脉每边8~10条，叶柄长1.5~4cm。花白色，径15~20cm，花被片9~12片，厚

荷花玉兰花（徐正浩摄）

荷花玉兰聚合果（徐正浩摄）

荷花玉兰植株（徐正浩摄）

肉质，倒卵形，长6~10cm，宽5~7cm。雄蕊长1.5~2cm，花丝扁平，紫色，花药内向，药隔伸出呈短尖。雌蕊群椭圆形，密被长茸毛。心皮卵形，长1~1.5cm。花柱呈卷曲状。聚合果圆柱状长圆形或卵圆形，长7~10cm，径4~5cm。种子近卵圆形或卵形，长1~1.5cm，径4~6mm，外种皮红色。

生物学特性：花芳香。花期5—6月，果期9—10月。

生境特征：在三衢山喀斯特地貌中栽植于绿地等生境。

分布：原产于美国东南部。

6. 红色木莲　*Magnolia insignis* (Wall.) Blume

中文异名：红花木莲

拉丁文异名：*Manglietia insignis* (Wall.) Blume

分类地位：植物界（Plantae）

被子植物门（Angiospermae）

双子叶植物纲（Dicotyledoneae）

木兰目（Magnoliales）

木兰科（Magnoliaceae）

北美木兰属（*Magnolia* Linn.）

红色木莲（*Magnolia insignis*（Wall.）Blume）

形态学鉴别特征：常绿乔木，高达30m，胸径40cm。小枝无毛或幼嫩时在节上被锈色或黄褐毛柔毛。叶革质，倒披针形，长圆形或长圆状椭圆形，长10~26cm，宽4~10cm，先端渐尖或尾状渐尖，自2/3以下渐窄至基部，叶面无毛，叶背中脉具红褐色柔毛或散生平伏微毛。侧脉每边

红色木莲树枝（徐正浩摄）

红色木莲叶（徐正浩摄）

12~24条。叶柄长1.8~3.5cm。托叶痕长0.5~1.2cm。花芳香，花梗粗壮，直径8~10mm，离花被片下1cm处具一苞片脱落环痕，花被片9~12片，外轮3片褐色，腹面染红色或紫红色，倒卵状长圆形，长7cm，向外反曲，中内轮6~9片，直立，乳白色染粉红色，倒卵状匙形，长5~7cm，1/4以下渐狭成爪状。雄蕊长10~18mm，两药室稍分离，药隔伸出呈三角尖，花丝与药隔伸出部分近等长。雌蕊群圆柱形，长5~6cm。聚合果鲜时紫红色，卵状长圆形，长7~12cm。蓇葖背缝全裂，具乳头状突起。

红色木莲果期植株（徐正浩摄）

生物学特性：花期5—6月，果期8—9月。

生境特征：在三衢山喀斯特地貌中栽植于绿地等生境。

分布：中国西南地区有分布。尼泊尔、印度东北部、缅甸北部也有分布。

7. 乐昌含笑 *Magnolia chapensis* (Dandy) Sima

拉丁文异名：*Michelia chapensis* Dandy

分类地位：植物界（Plantae）

被子植物门（Angiospermae）

双子叶植物纲（Dicotyledoneae）

木兰目（Magnoliales）

木兰科（Magnoliaceae）

北美木兰属（*Magnolia* Linn.）

乐昌含笑（*Magnolia chapensis* (Dandy) Sima）

形态学鉴别特征：多年生乔木。高15~30m，胸径可达1m。树皮灰色至深褐色，小枝无毛或嫩时节上被灰色微柔毛。叶薄革质，倒卵形、狭倒卵形或长圆状倒卵形，长6.5~15cm，宽

3.5~7cm，先端骤狭短渐尖或短渐尖，尖头钝，基部楔形或阔楔形，叶面深绿色，有光泽，侧脉每边9~15条，网脉稀疏，叶柄长1.5~2.5cm。花梗长4~10mm。花被片淡黄色，6片，2轮，外轮倒卵状椭圆形，长2~3cm，宽1~1.5cm，内轮较狭。雄蕊长1.7~2cm，花药长1.1~1.5cm，药隔伸长成1mm的尖头。雌蕊群狭圆柱形，长1~1.5cm，雌蕊群柄长5~7mm。心皮卵圆形，长1~2mm，花柱长1~1.5mm。胚珠6粒。聚合果长8~10cm，果梗长1.5~2cm。蓇葖果长圆体形或卵圆形，长1~1.5cm，宽0.6~1cm，顶端具短细弯尖头，基部宽。种子红色，卵形或长圆状卵圆形，长0.6~1cm，宽4~6mm。

生物学特性：花芳香。花期3—4月，果期8—9月。

生境特征：在三衢山喀斯特地貌中栽植于绿地等生境。

分布：中国云南、贵州、江西、湖南、广东、广西等地有分布。

乐昌含笑枝叶（徐正浩摄）

乐昌含笑花（徐正浩摄）

乐昌含笑果期植株（徐正浩摄）

8. 木莲 *Magnolia fordiana* (Oliv.) Hu

中文异名：黄心树

拉丁文异名：*Manglietia fordiana* Oliv.

分类地位：植物界（Plantae）

被子植物门（Angiospermae）

双子叶植物纲（Dicotyledoneae）

木兰目（Magnoliales）

木兰科（Magnoliaceae）

北美木兰属（*Magnolia* Linn.）

木莲（*Magnolia fordiana*（Oliv.）Hu）

形态学鉴别特征：多年生常绿乔木。高达20m。嫩枝及芽有红褐色短毛，后脱落无毛。叶革质，狭倒卵形、狭椭圆状倒卵形或倒披针形，长8~17cm，宽2.5~5.5cm，先端短急尖，尖头钝，基部楔形，沿叶柄稍下延，边缘稍内卷，叶背疏生红褐色短毛，侧脉每边8~12条，叶柄长1~3cm。总花梗长6~11mm，径6~10mm。花被片9片，纯白色，每轮3片，外轮3片质较薄，近革质，凹入，长圆状椭圆形，长6~7cm，宽3~4cm，内2轮稍小，常肉质，倒卵形，长5~6cm，宽2~3cm。雄蕊长0.8~1cm，花药长6~8mm，药隔钝。雌蕊群长1~1.5cm，具23~30个心皮，花柱长0.5~1mm。聚合果褐色，卵球形，长2~5cm，先端具短喙。种子红色。

生物学特性：花期5月，果期10月。

生境特征：在三衢山喀斯特地貌中栽植于绿地等生境。

分布：中国西南、华南、华中和华东有分布。越南也有分布。

木莲花（徐正浩摄）

木莲蕾期植株（徐正浩摄）

木莲果期植株（徐正浩摄）

9. 深山含笑 *Magnolia maudiae* (Dunn) Figlar

中文异名：莫夫人含笑花、光叶白兰花

拉丁文异名：*Michelia maudiae* Dunn

分类地位：植物界（Plantae）

被子植物门（Angiospermae）

双子叶植物纲（Dicotyledoneae）

木兰目（Magnoliales）

木兰科（Magnoliaceae）

北美木兰属（*Magnolia* Linn.）

深山含笑（*Magnolia maudiae*（Dunn）Figlar）

形态学鉴别特征：多年生常绿乔木。高达20m。各部均无毛，树皮薄，浅灰色或灰褐色，芽、嫩枝、叶背、苞片均被白粉。叶革质，长圆状椭圆形，长7~18cm，宽3.5~8.5cm，先端骤狭短渐尖或短渐尖，尖头钝，基部楔形、阔楔形或近圆钝，叶面深绿色，有光泽，叶背灰绿色，被白粉，侧脉每边7~12条，柄长1~3cm。佛焰苞状苞片淡褐色，薄革质，长2.5~3cm。花被片9片，纯白色，基部稍呈淡红色，外轮倒卵形，长5~7cm，宽3.5~4cm，顶端具短急尖，基部具长爪，长达1cm，内2轮渐狭小。雄蕊长1.5~2.5cm，药隔伸出长1~2mm的尖头，花丝宽扁，淡紫色，长3~4mm。雌蕊群长1.5~1.8cm，雌蕊群柄长5~8mm。心皮绿色，狭卵圆形，连花柱长5~6mm。聚合果长7~15cm。种子红色，斜卵圆形，长0.5~1cm，宽3~5mm，稍扁。

生物学特性：花芳香。花期2—3月，果期9—10月。

生境特征：在三衢山喀斯特地貌中栽植于绿地、路边等生境。

分布：中国浙江南部、福建等地有分布。

深山含笑叶（徐正浩摄）

深山含笑花瓣（徐正浩摄）

深山含笑雌雄蕊（徐正浩摄）

深山含笑果实（徐正浩摄）

深山含笑花期植株（徐正浩摄）

深山含笑果期植株（徐正浩摄）

10. 野含笑 *Magnolia figo* (Lour.) DC.

拉丁文异名：*Michelia skinneriana* Dunn

分类地位：植物界（Plantae）
被子植物门（Angiospermae）
双子叶植物纲（Dicotyledoneae）
木兰目（Magnoliales）
木兰科（Magnoliaceae）
北美木兰属（*Magnolia* Linn.）
野含笑（*Magnolia figo*（Lour.）DC.）

形态学鉴别特征：多年生常绿乔木。高可达15m。树皮灰白色，平滑，芽、嫩枝、叶柄、叶背中脉及花梗均密被褐色长柔毛。叶革质，狭倒卵状椭圆形、倒披针形或狭椭圆形，长5~15cm，宽1.5~4cm，先端长尾状渐尖，基部楔形，叶面深绿色，有光泽，叶背被稀疏褐色

野含笑枝叶（徐正浩摄）

野含笑花（徐正浩摄）

野含笑雌雄蕊（徐正浩摄）

野含笑种子（徐正浩摄）

野含笑花蕾期植株（徐正浩摄）

野含笑花期植株（徐正浩摄）

长毛，侧脉每边10~13条，网脉稀疏，柄长2~4mm。花梗细长，花淡黄色。花被片6片，倒卵形，长16~20mm，外轮3片基部被褐色毛。雄蕊长6~10mm，花药长4~5mm，侧向开裂。雌蕊群长5~6mm，心皮密被褐色毛，雌蕊群柄长4~7mm，密被褐色毛。聚合果长4~7cm，具细长的总梗。

生物学特性：花芳香。花期5—6月，果期8—9月。

生境特征：在三衢山喀斯特地貌中栽植于绿地等生境。

分布：中国南方地区有分布。

第9章

杜仲科 Eucommiaceae

杜仲科（Eucommiaceae）隶属丝缨花目（Garryales），而克朗奎斯特植物分类系统将其归入杜仲目（Eucommiales）。为单属植物科，仅杜仲1个种。

1. 杜仲 *Eucommia ulmoides* Oliv.

英文名：gutta-percha tree

分类地位：植物界（Plantae）

被子植物门（Angiospermae）

双子叶植物纲（Dicotyledoneae）

丝缨花目（Garryales）

杜仲科（Eucommiaceae）

杜仲属（*Eucommia* Oliv.）

杜仲（*Eucommia ulmoides* Oliv.）

形态学鉴别特征：多年生落叶乔木。高达20m，胸径50cm。树皮灰褐色，粗糙，内含橡胶，折断拉开有多数细丝。嫩枝有黄褐色毛，不久变秃净，老枝有明显的皮孔。芽体卵圆形，外面发亮，红褐色，有鳞片6~8片，边缘有微毛。叶椭圆形、卵形或矩圆形，薄革质，长6~15cm，宽3.5~6.5cm；基部圆形或阔楔形，先端渐尖；叶面暗绿色，初时有褐色柔毛，不久变秃净，老叶略有皱纹，叶背淡绿色，初时有褐毛，以后仅在脉上有毛；侧脉6~9对，与网脉在叶面下陷，在叶背稍突起；边缘有锯齿；叶柄长1~2cm，上面有槽，被散生长毛。花生于当年枝基部。雄花无花被；花梗长3mm，无毛；苞片倒卵状匙形，长6~8mm，顶端圆形，边缘有睫毛，早落；雄蕊长1cm，无毛，花丝长1mm，药隔突出，花粉囊细长，无退化雌蕊。雌花单生，苞片倒卵形，花梗长8mm，子房无毛，1室，扁而长，先端2裂，子房柄极短。翅果扁平，长椭圆形，长3~3.5cm，宽1~1.3cm，先端2裂，基部楔形，周围具薄翅。坚果位于

杜仲树枝（徐正浩摄）

杜仲果实（徐正浩摄）

杜仲果期植株（徐正浩摄）

中央，稍突起，子房柄长2~3mm，与果梗相接处有关节。种子扁平，线形，长1.4~1.5cm，宽3mm，两端圆形。

生物学特性：早春开花，秋后果实成熟。

生境特征：生于低山、谷地或低坡的疏林里。在三衢山喀斯特地貌中栽植于绿地、溪边等生境。

分布：为中国特有种。中国西南、华中、华北和华东等地有分布。

杜仲景观植株（徐正浩摄）

第10章

蔷薇科 Rosaceae

蔷薇科（Rosaceae）隶属蔷薇目（Rosales），共91属，含4828种。灌木、乔木，或多年生或一年生草本。多数为落叶种，但一些为常绿种。蔷薇科植物世界广布，但以北温带种类较多。

APG分类系统将蔷薇科分为3个亚科，即蔷薇亚科（Rosoideae）、桃亚科（Amygdaloideae）和仙女木亚科（Dryadoideae）。

叶螺旋状排列，一些为对生。单叶或羽状复叶，包括偶数或奇数羽状复叶。叶缘多具锯齿。常有成对生长的托叶。托叶有时与叶柄合生。一些种叶缘或叶柄具腺体或花外蜜腺。一些种小叶的中脉和复叶叶轴具刺。

花辐射对称，两性，稀单性。萼片和花瓣常5片，具多数螺旋状排列的雄蕊。萼片、花瓣和雄蕊基部合生，呈杯状，称为隐头花序。花序呈总状、穗状或头状，稀单花。多数种具果实。果实为蓇葖果、蒴果、坚果、瘦果、核果以及附果等。 种子通常不含胚乳。

1. 枇杷　*Eriobotrya japonica* (Thunb.) Lindl.

中文异名：卢橘、金丸

英文名：loquat

分类地位：植物界（Plantae）

被子植物门（Angiospermae）

双子叶植物纲（Dicotyledoneae）

蔷薇目（Rosales）

蔷薇科（Rosaceae）

枇杷属（*Eriobotrya* Lindl.）

枇杷（*Eriobotrya japonica*（Thunb.）Lindl.）

形态学鉴别特征：常绿小乔木。高可达10m。小枝粗壮，黄褐色，密生锈色或灰棕色茸毛。叶革质，披针形、倒披针形、倒卵形或椭圆长圆形，长12~30cm，宽3~9cm，先端急尖或渐尖，基部楔形或渐狭成叶柄，上部边缘有疏锯齿，基部全缘，叶面光亮，多皱，叶背密生灰棕色茸毛，侧脉11~21对。叶柄短或几无柄，长6~10mm，有灰棕色茸毛。托叶钻形，长1~1.5cm，先端急尖，有毛。圆锥花序顶生，长10~19cm，具多朵花。总花梗和花梗密生锈色茸毛，花梗长2~8mm。苞片钻形，长2~5mm，密生锈色茸毛。花直径12~20mm。萼筒浅杯状，

枇杷枝叶（徐正浩摄）

枇杷新叶（徐正浩摄）

枇杷花（徐正浩摄）

枇杷果实（徐正浩摄）

枇杷花期植株（徐正浩摄）

枇杷果期植株（徐正浩摄）

长4~5mm，萼片三角卵形，长2~3mm，先端急尖，萼筒及萼片外面有锈色茸毛。花瓣白色，长圆形或卵形，长5~9mm，宽4~6mm，基部具爪，有锈色茸毛。雄蕊20枚，远短于花瓣，花丝基部扩展。花柱5个，离生，柱头头状，无毛，子房顶端有锈色柔毛，5室，每室有2颗胚珠。果实球形或长圆形，直径2~5cm，黄色或橘黄色，外有锈色柔毛，不久脱落。种子1~5粒，球形或扁球形，直径1~1.5cm，褐色，光亮，种皮纸质。

生物学特性：花期10—12月，果期5—6月。

生境特征：各地广泛栽培，四川、湖北有野生者。在三衢山喀斯特地貌中栽植于绿地、溪边、山地、路边等生境。

分布：中国西南、华南、华东和华中有分布。印度、缅甸、泰国、越南、印度尼西亚和日本也有分布。

枇杷生境植株（徐正浩摄）

2. 红叶石楠 *Photinia × fraseri* 'Red Robin'

中文异名：红罗宾

英文名：fraser photinia, red robin photinia

分类地位：植物界（Plantae）

被子植物门（Angiospermae）

双子叶植物纲（Dicotyledoneae）

蔷薇目（Rosales）

蔷薇科（Rosaceae）

石楠属（*Photinia* Lindl.）

红叶石楠（*Photinia × fraseri* 'Red Robin'）

形态学鉴别特征：由光叶石楠（*Photinia glabra*（Thunb.）Maxim.）和石楠（*Photinia serrulata* Lindl.）杂交育成。常绿小乔木或灌木。乔木高6~15m，灌木高1.5~2m。叶革质，长圆形至倒卵状披针形，长5~15cm，宽2~5cm，先端渐尖，具短尖头，基部楔形，边缘具带腺锯齿，柄长0.5~1.5cm。花多，密。伞房花序顶生。花瓣白色，花径1~1.2cm。果实橙黄色，径

红叶石楠叶面（徐正浩摄）

红叶石楠果实（徐正浩摄）

红叶石楠花境植株（徐正浩摄）

红叶石楠景观植株（徐正浩摄）

红叶石楠居群（徐正浩摄）

7~10mm。

生物学特性：花期5—7月，果期9—10月。

生境特征：各地广泛栽培，作为绿篱等。在三衢山喀斯特地貌中栽植于绿地、草地、路边、景观绿篱等生境。

分布：中国分布广泛。

3. 梅 *Prunus mume* Siebold et Zucc.

中文异名：乌梅、酸梅、干枝梅、春梅

拉丁文异名：*Armeniaca mume* Sieb. (Jacq.) Rehd

英文名：Chinese plum，Japanese apricot

分类地位：植物界（Plantae）

被子植物门（Angiospermae）

双子叶植物纲（Dicotyledoneae）

蔷薇目（Rosales）

蔷薇科（Rosaceae）

李属（*Prunus* Linn.）

梅（*Prunus mume* Siebold et Zucc.）

形态学鉴别特征：多年生小乔木，稀灌木。高4~10m。树皮浅灰色或带绿色，平滑。小枝绿色，光滑无毛。叶片卵形或椭圆形，长4~8cm，宽2.5~5cm，先端尾尖，基部宽楔形至圆形，叶边常具小锐锯齿，灰绿色，幼嫩时两面被短柔毛，成长时逐渐脱落，或仅下面脉腋间具短

梅枝叶（徐正浩摄）

梅白花（徐正浩摄）

梅花瓣与雄蕊（徐正浩摄）

梅果实（徐正浩摄）

梅果枝（徐正浩摄）

梅果期植株（徐正浩摄）

柔毛。叶柄长1~2cm，幼时具毛，老时脱落，常有腺体。花单生或有时2朵同生于1芽内，直径2~2.5cm，香味浓，花开放先于叶长出。花梗短，长1~3mm，常无毛。花萼通常红褐色，但有些品种的花萼为绿色或绿紫色。萼筒宽钟形，无毛或有时被短柔毛。萼片卵形或近圆形，先端圆钝。花瓣倒卵形，白色至粉红色。雄蕊短或稍长于花瓣。子房密被柔毛，花柱短或稍长于雄蕊。果实近球形，直径2~3cm，黄色或绿白色，被柔毛，味酸，果肉与核黏连。核椭圆形，顶端圆形而有小突尖头，基部渐狭成楔形，两侧微扁，腹棱稍钝，腹面和背棱上均有明显纵沟，表面具蜂窝状孔穴。

生物学特性：花期冬春季，果期5—6月（在华北果期延至7—8月）。

生境特征：生于山地、平原等。三衢山喀斯特地貌中栽植于溪边、绿地、路边等生境。

分布：原产于中国长江以南地区。

4. 桃 *Prunus persica* (Linn.) Batsch

中文异名：桃子、油桃

拉丁文异名：*Amygdalus persica* Linn.

英文名：peach

分类地位：植物界（Plantae）

被子植物门（Angiospermae）

双子叶植物纲（Dicotyledoneae）

蔷薇目（Rosales）

蔷薇科（Rosaceae）

李属（*Prunus* Linn.）

桃（*Prunus persica*（Linn.）Batsch）

形态学鉴别特征：多年生小乔木。高3~8m。树冠宽广而平展。树皮暗红褐色，老时粗糙呈鳞片状。小枝细长，无毛，有光泽，绿色，向阳处转变成红色，具大量小皮孔。冬芽圆锥形，顶端钝，外被短柔毛，常2~3个簇生，中间为叶芽，两侧为花芽。叶片长圆披针形、椭圆披针形或倒卵状披针形，长7~15cm，宽2~3.5cm，先端渐尖，基部宽楔形，叶面无毛，叶背在脉腋间具少数短柔毛或无毛，叶边具细锯齿或粗锯齿，齿端具腺体或无腺体。叶柄粗壮，长1~2cm，常具1至数枚腺体，有时无腺体。花单生，直径2.5~3.5cm，花开放先于叶长出。花梗极短或几无梗。萼筒钟形，被短柔毛，稀几无毛，绿色而具红色斑点。萼片卵形至长圆形，顶

桃树干（徐正浩摄）

桃枝叶（徐正浩摄）

桃花（徐正浩摄）

桃雄蕊（徐正浩摄）

桃花期植株（徐正浩摄）

桃果期植株（徐正浩摄）

端圆钝，外被短柔毛。花瓣长圆状椭圆形至宽倒卵形，粉红色，罕为白色。雄蕊20~30枚，花药绯红色。花柱几与雄蕊等长或稍短。子房被短柔毛。果实形状和大小均有变异，卵形、宽椭圆形或扁圆形，直径3~12cm，长几与宽相等，色泽由淡绿白色变为橙黄色，在向阳面常具红晕，外面密被短柔毛，稀无毛，腹缝明显，果梗短而深入果洼。果肉白色、浅绿白色、黄色、橙黄色或红色，多汁有香味，甜或酸甜。核大，果肉离核或黏核，椭圆形或近圆形，两侧扁平，顶端渐尖，表面具纵、横沟纹和孔穴。种仁味苦，稀味甜。

生物学特性：花期3—4月，果实成熟期因品种而异，通常为8—9月。

生境特征：生于山地、平原等。在三衢山喀斯特地貌中栽植于绿地、岩石山地、路边、溪边等生境。

分布：原产于中国。

5. 垂丝海棠 *Malus halliana* Koehne

英文名：hall crabapple

分类地位：植物界（Plantae）

被子植物门（Angiospermae）

双子叶植物纲（Dicotyledoneae）

蔷薇目（Rosales）

蔷薇科（Rosaceae）

苹果属（*Malus* Mill.）

垂丝海棠（*Malus halliana* Koehne）

形态学鉴别特征：多年生乔木。高达5m。树冠开展，小枝细弱，微弯曲，圆柱形，最初有毛，不久脱落，紫色或紫褐色。冬芽卵形，先端渐尖，无毛或仅在鳞片边缘具柔毛，紫色。叶卵形或椭圆形至长椭圆卵形，长3.5~8cm，宽2.5~4.5cm，先端长渐尖，基部楔形至近圆形，边缘有圆钝细锯齿，叶面深绿色，有光泽并常带紫晕，叶柄长5~25mm。伞房花序，具花4~6朵。花梗细弱，长2~4 cm，下垂，有稀疏柔毛，紫色。花径3~3.5cm。萼筒外面无毛，萼片三角卵形，长3~5mm，先端钝，全缘，外面无毛，内面密被茸毛，与萼筒等长或比萼筒稍短。花瓣倒卵形，长1~1.5cm，基部有短爪，粉红色。雄蕊20~25枚，花丝长短不齐。花柱4~5个，较

垂丝海棠叶（徐正浩摄）

垂丝海棠花（徐正浩摄）

垂丝海棠花蕾（徐正浩摄）

垂丝海棠果实（徐正浩摄）

垂丝海棠花境植株（徐正浩摄）

垂丝海棠盛花期植株（徐正浩摄）

雄蕊长，基部有长茸毛，顶花有时缺少雌蕊。果实梨形或倒卵形，径6~8mm，略带紫色，成熟迟，萼片脱落。果梗长2~5cm。

生物学特性：花期3—4月，果期10—12月。

生境特征：在三衢山喀斯特地貌中栽植于绿地、溪边、路边等生境。

分布：中国华东、华中、西南、西北等地有分布。

6. 棣棠花 *Kerria japonica* (Linn.) DC.

中文异名：棣棠

英文名：Japanese rose，kerria

分类地位：植物界（Plantae）

被子植物门（Angiospermae）

双子叶植物纲（Dicotyledoneae）

蔷薇目（Rosales）

蔷薇科（Rosaceae）

棣棠花属（*Kerria* DC.）

棣棠花（*Kerria japonica*（Linn.）DC.）

形态学鉴别特征：多年生落叶灌木。高1~2m。小枝绿色，圆柱形，无毛，常拱垂，嫩枝有棱角。叶互生，三角状卵形或卵圆形，顶端长渐尖，基部圆形、截形或微心形，边缘有尖锐重锯齿，两面绿色，叶柄长5~10mm。单花，着生于当年生侧枝顶端，花径2.5~6cm。萼片卵状椭圆形，顶端急尖，有小尖头，全缘，果时宿存。花瓣黄色，宽椭圆形，顶端下凹，比萼片长1~4倍。瘦果倒卵形至半球形，褐色或黑褐色，表面无毛，有皱褶。

生物学特性：花期4—6月，果期6—8月。

生境特征：在三衢山喀斯特地貌中栽植于绿地、路边等生境。

分布：中国华东、华中、西南、西北等地有分布。日本也有分布。

棣棠花的花（徐正浩摄）

棣棠花花期居群（徐正浩摄）

7. 重瓣棣棠花 *Kerria japonica* 'Pleniflora'

分类地位：植物界（Plantae）

被子植物门（Angiospermae）

双子叶植物纲（Dicotyledoneae）

蔷薇目（Rosales）

蔷薇科（Rosaceae）

棣棠花属（*Kerria* DC.）

重瓣棣棠花（*Kerria japonica* 'Pleniflora'）

形态学鉴别特征：棣棠花的栽培变种。与棣棠花的主要区别在于花重瓣。

生物学特性：花期4—6月，果期6—8月。

生境特性：在三衢山喀斯特地貌中栽植于绿地、路边等生境。

分布：主要分布于亚洲东南部、南部。

重瓣棣棠花枝叶（徐正浩摄）

重瓣棣棠花叶面（徐正浩摄）

重瓣棣棠花叶背（徐正浩摄）

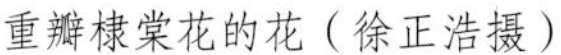
重瓣棣棠花的花（徐正浩摄）

重瓣棣棠花花期居群（徐正浩摄）

8. 粉花绣线菊 *Spiraea japonica* Linn. f.

中文异名：日本绣线菊

英文名：Japanese meadowsweet，Japanese spiraea，Korean spiraea

分类地位：植物界（Plantae）

被子植物门（Angiospermae）

双子叶植物纲（Dicotyledoneae）

蔷薇目（Rosales）

蔷薇科（Rosaceae）

绣线菊属（*Spiraea* Linn.）

粉花绣线菊（*Spiraea japonica* Linn. f.）

形态学鉴别特征：直立灌木。高达1.5m。枝条细长，开展，小枝近圆柱形，冬芽卵形，先端急尖，有数片鳞片。叶片卵形至卵状椭圆形，长2~8cm，宽1~3cm，先端急尖至短渐尖，基部楔形，边缘有缺刻状重锯齿或单锯齿，叶面暗绿色，叶背色浅或有白霜，叶柄长1~3mm。复伞房花序生于当年生的直立新枝顶端，花朵密集，花梗长4~6mm。花径4~7mm。花萼外面有

粉花绣线菊茎叶（徐正浩摄）

粉花绣线菊花（徐正浩摄）

粉花绣线菊花蕾期植株（徐正浩摄）

粉花绣线菊乔灌木丛生境植株（徐正浩摄）

稀疏短柔毛，萼筒钟状，萼片三角形，先端急尖。花瓣卵形至圆形，先端圆钝，长2.5~3.5mm，宽2~3mm，粉红色。雄蕊25~30枚，远较花瓣长。花盘圆环形。蓇葖果半开张。

生物学特性：花期6—7月，果期8—9月。

生境特征：在三衢山喀斯特地貌中栽植于路边等生境。

分布：原产于日本及朝鲜。

9. 海棠花 *Malus spectabilis* (Ait.) Borkh.

英文名：Asiatic apple，Chinese flowering apple

分类地位：植物界（Plantae）

被子植物门（Angiospermae）

双子叶植物纲（Dicotyledoneae）

蔷薇目（Rosales）

蔷薇科（Rosaceae）

苹果属（*Malus* Mill.）

海棠花（*Malus spectabilis* (Ait.) Borkh.）

形态学鉴别特征：多年生乔木。高可达8m。小枝粗壮，圆柱形，幼时具短柔毛，逐渐脱落，老时红褐色或紫褐色，无毛。冬芽卵形，先端渐尖，微被柔毛，紫褐色。叶椭圆形至长椭圆形，长5~8cm，宽2~3cm，先端短渐尖或圆钝，基部宽楔形或近圆形，边缘有紧密细锯齿，有时部分近于全缘，叶柄长1.5~2cm。花序近伞形，具花4~6朵。花梗长2~3cm。花径4~5cm。萼筒外面无毛或有白色茸毛，萼片三角卵形，先端急尖。花瓣卵形，长2~2.5cm，宽1.5~2cm，基部短爪状，白色，在芽中呈粉红色。雄蕊20~25枚，花丝长短不等。花柱5个，稀4个，基部有白色茸毛，比雄蕊稍长。果实近球形，径1.5~2cm，黄色，萼片宿存，基部不下陷，梗洼隆起。果梗细长，先端肥厚，长3~4cm。

海棠花的花（徐正浩摄）

海棠花花期植株（徐正浩摄）

生物学特性：花期4—5月，果期8—9月。

生境特征：在三衢山喀斯特地貌中栽植于绿地、溪边、路边等生境。

分布：原产于中国北部地区。

10. 红花碧桃 *Prunus persica* ‘Rubro-plena’

中文异名：红碧桃

分类地位：植物界（Plantae）

被子植物门（Angiospermae）

双子叶植物纲（Dicotyledoneae）

蔷薇目（Rosales）

蔷薇科（Rosaceae）

李属（*Prunus* Linn.）

红花碧桃（*Prunus persica* ‘Rubro-plena’）

形态学鉴别特征：桃的栽培变种。与桃的主要区别在于花半重瓣或近于重瓣，红色。

红花碧桃花（徐正浩摄）

红花碧桃花枝（徐正浩摄）

生物学特性：花期3—4月。

生境特征：在三衢山喀斯特地貌中栽植于绿地、路边等生境。

分布：原产于中国。世界各地广泛栽植。

11. 火棘 *Pyracantha crenato-serrata* (Hance.) Rehder

中文异名：火把果

拉丁文异名：*Pyracantha fortuneana* (Maxim.) Li

英文名：Chinese firethorn

分类地位：植物界（Plantae）

被子植物门（Angiospermae）

双子叶植物纲（Dicotyledoneae）

蔷薇目（Rosales）

蔷薇科（Rosaceae）

火棘属（*Pyracantha* M. Roem.）

火棘（*Pyracantha crenato-serrata*（Hance.）Rehder）

火棘花（徐正浩摄）

火棘花序（徐正浩摄）

火棘果实（徐正浩摄）

火棘花蕾期植株（徐正浩摄）

火棘果期植株（徐正浩摄）

火棘山地生境植株（徐正浩摄）

形态学鉴别特征：常绿灌木。高达3m。侧枝短，先端呈刺状，嫩枝外被锈色短柔毛，老枝暗褐色，芽小，外被短柔毛。叶倒卵形或倒卵状长圆形，长1.5~6cm，宽0.5~2cm，先端圆钝或微凹，有时具短尖头，基部楔形，下延，边缘有钝锯齿，叶柄短。花集成复伞房花序，径3~4cm，花梗长0.7~1cm。花径0.6~1cm。萼筒钟状，萼片三角卵形，先端钝。花瓣白色，近圆形，长3~4mm，宽2~3mm。雄蕊20枚，花丝长3~4mm，花药黄色。花柱5个，离生，与雄蕊等长，子房上部密生白色柔毛。果实近球形，径3~5mm，橘红色或深红色。

生物学特性：花期3—5月，果期8—11月。

生境特征：在三衢山喀斯特地貌中栽植于绿地、绿篱、溪边、路边等生境。

分布：中国西南、华南、华东、华中和西北等地有分布。

12. 木瓜 *Pseudocydonia sinensis* C. K. Schneid.

中文异名：光皮木瓜

拉丁文异名：*Chaenomeles sinensis* (Thouin) Koehne

英文名：Chinese quince

分类地位：植物界（Plantae）

被子植物门（Angiospermae）

双子叶植物纲（Dicotyledoneae）

蔷薇目（Rosales）

蔷薇科（Rosaceae）

木瓜属（*Pseudocydonia* C. K. Schneid.）

木瓜（*Pseudocydonia sinensis* C. K. Schneid.）

形态学鉴别特征：灌木或小乔木。高5~10m。树皮呈片状脱落，小枝无刺，圆柱形，幼时被柔毛，不久即脱落，紫红色，二年生枝无毛，紫褐色。冬芽半圆形，先端圆钝，无毛，紫褐色。叶椭圆卵形或长椭圆形，长5~8cm，宽3.5~5.5cm，先端急尖，基部宽楔形或圆形，边缘有

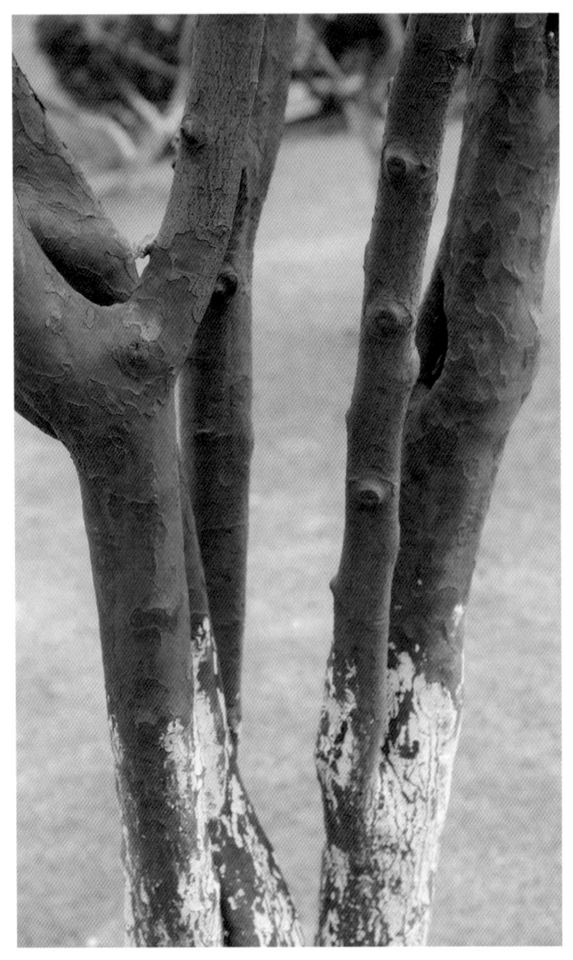

木瓜树干（徐正浩摄）

木瓜树枝（徐正浩摄）

木瓜花（徐正浩摄）

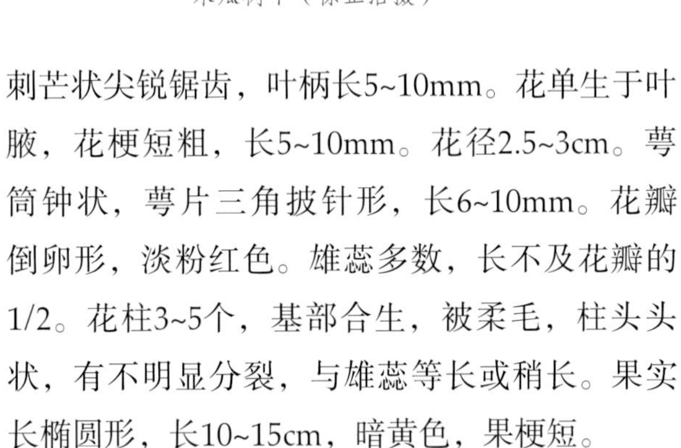

刺芒状尖锐锯齿，叶柄长5~10mm。花单生于叶腋，花梗短粗，长5~10mm。花径2.5~3cm。萼筒钟状，萼片三角披针形，长6~10mm。花瓣倒卵形，淡粉红色。雄蕊多数，长不及花瓣的1/2。花柱3~5个，基部合生，被柔毛，柱头头状，有不明显分裂，与雄蕊等长或稍长。果实长椭圆形，长10~15cm，暗黄色，果梗短。

生物学特性：花期4月，果期9—10月。

生境特征：在三衢山喀斯特地貌中栽植于景观绿地等生境。

木瓜果实（徐正浩摄）

分布：中国华东、华中、华南、西南、西北等地有分布。

13. 日本木瓜 *Chaenomeles japonica* (Thunb.) Lindl. ex Spach

中文异名：倭海棠

英文名：Maule's quince

分类地位：植物界（Plantae）

被子植物门（Angiospermae）

双子叶植物纲（Dicotyledoneae）

蔷薇目（Rosales）

蔷薇科（Rosaceae）

木瓜海棠属（*Chaenomeles* Lindl.）

日本木瓜（*Chaenomeles japonica*（Thunb.）Lindl. ex Spach）

形态学鉴别特征：多年生矮灌木。高0.8~1.2m。枝条广开，具细刺，小枝粗糙，圆柱形，幼时具茸毛，紫红色，二年生枝条有疣状突起，黑褐色，无毛。冬芽三角卵形，先端急尖，无毛，紫褐色。叶倒卵形、匙形至宽卵形，长3~5cm，宽2~3cm，先端圆钝，基部楔形或宽楔形，边缘有圆钝锯齿，叶柄长3~5mm。花3~5朵簇生，花梗短或近于无梗，无毛。花径2.5~4cm。萼筒钟状，萼片卵形，长4~5mm，先端急尖或圆钝，边缘有不明显锯齿。花瓣倒卵形或近圆形，基部延伸成短爪，长1.5~2cm，宽1~1.5cm，砖红色。雄蕊40~60枚，长为花瓣的1/2。花柱5个，基部合生，无毛，柱头头状，有不明显分裂，与雄蕊等长。果实近球形，径3~4mm，黄色。

生物学特性：花期3—6月，果期8—10月。

生境特征：在三衢山喀斯特地貌中栽植于路边等生境。

分布：原产于日本。

日本木瓜花（徐正浩摄）

日本木瓜花枝（徐正浩摄）

14. 日本晚樱 *Prunus serrulata* var. *lannesiana* (Carr.) Makino

分类地位：植物界（Plantae）

被子植物门（Angiospermae）

双子叶植物纲（Dicotyledoneae）

蔷薇目（Rosales）

蔷薇科（Rosaceae）

李属（*Prunus* Linn.）

日本晚樱（*Prunus serrulata* var. *lannesiana*（Carr.）Makino）

形态学鉴别特征：山樱花的变种，与山樱花的不同主要在于其嫩叶带淡紫褐色，叶片边缘有刺芒状的重锯齿。花重瓣，粉红色，萼筒钟状。

生物学特性：花开放与叶长出同时。花期4月。

生境特征：在三衢山喀斯特地貌中栽植于绿地、路边等生境。

分布：原产于日本。

日本晚樱花（徐正浩摄）

日本晚樱花境植株（徐正浩摄）

日本晚樱花期植株（徐正浩摄）

日本晚樱盛花期植株（徐正浩摄）

15. 石楠 *Photinia serratifolia* (Desf.) Kalkman

中文异名：凿木、千年红、扇骨木、笔树、石眼树、将军梨、石楠柴、石纲、凿角、山官木

拉丁文异名：*Photinia serrulata* Lindl.

英文名：Chinese photinia

分类地位：植物界（Plantae）

被子植物门（Angiospermae）

双子叶植物纲（Dicotyledoneae）

蔷薇目（Rosales）

蔷薇科（Rosaceae）

石楠属（*Photinia* Lindl.）

石楠（*Photinia serratifolia*（Desf.）Kalkman）

形态学鉴别特征：常绿灌木或小乔木。高4~6m。枝褐灰色，冬芽卵形，鳞片褐色，无毛。叶革质，长椭圆形、长倒卵形或倒卵状椭圆形，长9~22cm，宽3~6.5cm，先端尾尖，基部圆形

石楠树枝（徐正浩摄）

石楠叶（徐正浩摄）

石楠花枝（徐正浩摄）

石楠苗（徐正浩摄）

石楠花期岩石生境植株（徐正浩摄）

石楠果期植株（徐正浩摄）

石楠果期山地生境植株（徐正浩摄）

或宽楔形，边缘有疏生具腺细锯齿，中脉显著，侧脉25~30对，叶柄粗壮，长2~4cm。复伞房花序顶生，径10~16cm。花梗长3~5mm。花密生，径6~8mm。萼筒杯状，长0.5~1mm，萼片阔三角形，长0.5~1mm，先端急尖。花瓣白色，近圆形，径3~4mm。雄蕊20枚。花柱2个，有时为3个，基部合生，柱头头状，子房顶端有柔毛。果实球形，径5~6mm，红色，后变褐紫色，有1粒种子。种子卵形，长1~2mm，棕色，平滑。

生物学特性：花期4—5月，果期10月。

生境特征：在三衢山喀斯特地貌中栽植于绿地、岩石山地、路边、山甸等生境。

分布：中国华东、华中、华南、西南、西北等地有分布。印度南部、印度尼西亚、菲律宾和日本也有分布。

16. 西府海棠 *Malus × micromalus* Makino

中文异名：子母海棠、小果海棠、海红

英文名：midget crabapple

分类地位：植物界（Plantae）

被子植物门（Angiospermae）

双子叶植物纲（Dicotyledoneae）

蔷薇目（Rosales）

蔷薇科（Rosaceae）

苹果属（*Malus* Mill.）

西府海棠（*Malus × micromalus* Makino）

西府海棠树干（徐正浩摄）

西府海棠花（徐正浩摄）

形态学鉴别特征：多年生小乔木。高2.5~5m。树枝直立性强。小枝细弱，圆柱形，嫩时被短柔毛，老时脱落，紫红色或暗褐色，具稀疏皮孔。冬芽卵形，先端急尖，无毛或仅边缘有茸毛，暗紫色。叶长椭圆形或椭圆形，长5~10cm，宽2.5~5cm，先端急尖或渐尖，基部楔形，稀近圆形，边缘有尖锐锯齿，叶柄长2~3.5cm。伞形总状花序，具花4~7朵，集生于小枝顶端，花梗长2~3cm，嫩时被长柔毛，逐渐脱落。萼筒外面密被白色长茸毛，萼片三角卵形、三角披针形至长卵形，先端急尖或渐尖，全缘，长5~8mm，内面被白色茸毛，外面茸毛较稀疏，萼片与萼筒等长或比萼筒稍长。花瓣近圆形或长椭圆形，长1~1.5cm，基部有短爪，粉红色。雄蕊20枚，花丝长短不等，比花瓣稍短。花柱5个，基部具茸毛，与雄蕊等长。果实近球形，径1~1.5cm，红色，萼洼与梗洼均下陷。

生物学特性：花期4—5月，果期8—9月。

生境特征：在三衢山喀斯特地貌中栽植于绿地景观生境。

分布：产于中国辽宁、河北、山西、山东、陕西、甘肃、云南等地。

17. 樱桃 *Prunus pseudocerasus* Lindl.

中文异名：樱珠、莺桃、唐实樱、乌皮樱桃

英文名：bastard cherry，Chinese sour cherry，Chinese cherry

分类地位：植物界（Plantae）

被子植物门（Angiospermae）

双子叶植物纲（Dicotyledoneae）

蔷薇目（Rosales）

蔷薇科（Rosaceae）

李属（*Prunus* Linn.）

樱桃（*Prunus pseudocerasus* Lindl.）

形态学鉴别特征：多年生乔木。高2~6m。树皮灰白色，小枝灰褐色，嫩枝绿色，冬芽卵

樱桃树干（徐正浩摄）

樱桃花（徐正浩摄）

樱桃果序（徐正浩摄）

形。叶片卵形或长圆状卵形，长5~12cm，宽3~5cm，先端渐尖或尾状渐尖，基部圆形，边缘有尖锐重锯齿，叶面暗绿色，叶背淡绿色，侧脉9~11对，叶柄长0.7~1.5cm。花序伞房状或近伞形，具3~6朵花。花梗长0.8~2cm。萼筒钟状，长3~6mm，宽2~3mm。花瓣白色，卵圆形，先端下凹或2裂。雄蕊30~35枚。花柱与雄蕊近等长。核果近球形，红色，径1~1.5cm。

樱桃盛花期植株（徐正浩摄）

生物学特性：花开放先于叶长出。花期3—4月，果期5—6月。

生境特征：在三衢山喀斯特地貌中栽植于绿地、溪边、路边等生境。

分布：产于中国辽宁、河北、陕西、甘肃、山东、河南、江苏、浙江、江西、四川等地。

18. 榆叶梅 *Prunus triloba* Lindl.

拉丁文异名：*Amygdalus triloba* (Lindl.) Ricker

英文名：flowering plum，flowering almond

分类地位：植物界（Plantae）

被子植物门（Angiospermae）

双子叶植物纲（Dicotyledoneae）

蔷薇目（Rosales）

蔷薇科（Rosaceae）

李属（*Prunus* Linn.）

榆叶梅（*Prunus triloba* Lindl.）

形态学鉴别特征：灌木，稀小乔木。高2~3m。枝条开展，具多数短小枝。小枝灰色，一年生枝灰褐色，无毛或幼时微被短柔毛。冬芽短小，长2~3mm。短枝上的叶常簇生，一年生枝上的叶互生。叶片宽椭圆形至倒卵形，长2~6cm，宽1.5~4cm，先端短渐尖，常3裂，基部宽楔形，叶面具疏柔毛或无毛，叶背被短柔毛，叶边具粗锯齿或重锯齿。叶柄长5~10mm，被短柔毛。花1~2朵，花开放先于叶长出，径2~3cm。花梗长4~8mm。萼筒宽钟形，长3~5mm，无毛

榆叶梅树干（徐正浩摄）

榆叶梅树枝（徐正浩摄）

榆叶梅枝叶（徐正浩摄）

榆叶梅叶（徐正浩摄）

榆叶梅花（徐正浩摄）

榆叶梅花期植株（徐正浩摄）

榆叶梅景观植株（徐正浩摄）

或幼时微具毛。萼片卵形或卵状披针形，无毛，近先端疏生小锯齿。花瓣近圆形或宽倒卵形，长6~10mm，先端圆钝，有时微凹，粉红色。雄蕊25~30枚，短于花瓣。子房密被短柔毛，花柱稍长于雄蕊。果实近球形，直径1~1.8cm，顶端具短小尖头，红色，外被短柔毛。果梗长5~10mm。果肉薄，成熟时开裂。核近球形，具厚硬壳，直径1~1.6cm，两侧几不压扁，顶端圆钝，表面具不整齐的网纹。

生物学特性：花期4—5月，果期5—7月。

生境特征：生于坡地或沟旁乔木、灌木林下或林缘。在三衢山喀斯特地貌中栽植于岩石山地、溪边、路边等生境。

分布：中国华北、华东、华中、陕西、甘肃等地有分布。

19. 月季花 *Rosa chinensis* Jacq.

中文异名：月月花、月月红、月季

英文名：Chinese rose

分类地位：植物界（Plantae）

被子植物门（Angiospermae）

双子叶植物纲（Dicotyledoneae）

蔷薇目（Rosales）

蔷薇科（Rosaceae）

蔷薇属（*Rosa* Linn.）

月季花（*Rosa chinensis* Jacq.）

月季花枝叶（徐正浩摄）

月季花的花（徐正浩摄）

月季花雄蕊和花柱（徐正浩摄）

月季花花期植株（徐正浩摄）

形态学鉴别特征：常绿或半常绿直立灌木。高1~2m。小枝粗壮，圆柱形，近无毛，有短粗的钩状皮刺或无刺。小叶3~5片，稀7片，连叶柄长5~11cm。小叶片宽卵形至卵状长圆形，长2.5~6cm，宽1~3cm，先端长渐尖或渐尖，基部近圆形或宽楔形，边缘有锐锯齿，叶面暗绿色，常带光泽，叶背颜色较浅，顶生小叶片有柄，侧生小叶片近无柄。花几朵集生，稀单生，径4~5cm。花梗长2.5~6cm。萼片卵形，先端尾状渐尖，有时呈叶状，边缘常有羽状裂片。花瓣重瓣至半重瓣，红色、粉红色至白色，倒卵形，先端有凹缺，基部楔形。花柱离生，伸出萼筒口外，几与雄蕊等长。果卵球形或梨形，长1~2cm，红色，萼片脱落。

月季花花境植株（徐正浩摄）

生物学特性：花期4—9月，果期6—11月。

生境特征：在三衢山喀斯特地貌中栽植于绿地、路边等生境。

分布：原产于中国。

20. 迎春樱桃 *Prunus discoidea* Yu et Li

中文异名：迎春樱

分类地位：植物界（Plantae）

被子植物门（Angiospermae）

双子叶植物纲（Dicotyledoneae）

蔷薇目（Rosales）

蔷薇科（Rosaceae）

李属（*Prunus* Linn.）

迎春樱桃（*Prunus discoidea* Yu et Li）

形态学鉴别特征：小乔木。高2~3.5m。树皮灰白色，小枝紫褐色，嫩枝被疏柔毛或脱落无毛，冬芽卵球形。叶片倒卵状长圆形或长椭圆形，长4~8cm，宽1.5~3.5cm，先端骤尾尖或尾尖，基部楔形，边缘具缺刻急尖锯齿，叶面暗绿色，叶背淡绿色，侧脉8~10对，叶柄长5~7mm。伞形花序有花2朵。总梗长3~10mm。花梗长1~1.5cm。萼筒管状钟形，长4~5mm，宽2~3mm。萼片长圆形，长2~3mm，先端圆钝或有小尖头。花瓣粉红色，长椭圆形，先端2裂。

迎春樱桃花（徐正浩摄）

迎春樱桃花期植株（徐正浩摄）

迎春樱桃花期山地生境植株（徐正浩摄）

迎春樱桃花期岩石生境植株（徐正浩摄）

雄蕊32~40枚。花柱无毛，柱头扩大。核果红色，熟时径0.8~1.2cm。

生物学特性：花开放先于叶长出，稀花开放与叶长出同时。花期3—4月，果期5月。

生境特征：在三衢山喀斯特地貌中栽植于岩石山地生境。

分布：产于中国浙江、江西、安徽等地。

21. 紫叶李 *Prunus cerasifera* 'Atropurpurea'

中文异名：红叶李

分类地位：植物界（Plantae）

被子植物门（Angiospermae）

双子叶植物纲（Dicotyledoneae）

蔷薇目（Rosales）

蔷薇科（Rosaceae）

李属（*Prunus* Linn.）

紫叶李（*Prunus cerasifera* 'Atropurpurea'）

形态学鉴别特征：灌木或小乔木。高可达8m。多分枝，枝条细长，开展，暗灰色，有时有棘刺，小枝暗红色，冬芽卵圆形，先端急尖，紫红色。叶片椭圆形、卵形或倒卵形，长2~6cm，宽2~5cm，先端急尖，基部楔形或近圆形，边缘有圆钝锯齿，有时混有重锯齿，叶面深绿色，叶背颜色较淡，侧脉5~8对，叶柄长6~12mm。花1朵。花梗长1~2cm。花径2~2.5cm。萼筒钟状，萼片长卵形。花瓣白色，

紫叶李叶（徐正浩摄）

紫叶李花（徐正浩摄）

紫叶李花序（徐正浩摄）

紫叶李果实（徐正浩摄）

紫叶李花期植株（徐正浩摄）

紫叶李果期景观植株（徐正浩摄）

紫叶李景观居群（徐正浩摄）

长圆形或匙形，边缘波状，基部楔形，着生在萼筒边缘。雄蕊25~30枚，花丝长短不等，紧密地排成不规则2轮，比花瓣稍短。雌蕊1枚，心皮被长柔毛，柱头盘状，花柱比雄蕊稍长。核果近球形或椭圆形，长宽几乎相等，径2~3cm。

生物学特性：花期4月，果期8月。

生境特征：在三衢山喀斯特地貌中栽植于绿地景观生境。

分布：原产于亚洲西南部。

第11章

芸香科 Rutaceae

芸香科（Rutaceae）隶属无患子目（Sapindales），具160属。常绿或落叶乔木、灌木或草本。叶上生腺，芳香，有时具刺。常为复叶，对生，无托叶。叶上透明腺为油腺，能散发芳香味。花无苞片，单生或呈聚伞状花序，稀呈总状花序。虫媒花。花常两性，辐射对称，稀两侧对称。萼片和花瓣常4片或5片，有时3片，分离。雄蕊常8~10枚，分离或几枚合生。柱头1个，具2~5个合生心皮，有时子房分离，但花柱合生。果实为浆果、核果、柠檬果、翼果、蒴果或蓇葖果。种子数变化大。

1. 胡柚 *Citrus maxima* Merr. ‘Changshanhuyou’

分类地位：植物界（Plantae）

被子植物门（Angiospermae）

双子叶植物纲（Dicotyledoneae）

无患子目（Sapindales）

芸香科（Rutaceae）

柑橘属（*Citrus* Linn.）

胡柚（*Citrus maxima* Merr.‘Changshanhuyou’）

形态学鉴别特征：胡柚被誉为“中国第一杂柚”，是香橼（*Citrus medica* Linn.）与其他柑橘类的天然杂交品种。果形多变，深秋成熟，色泽金黄，耐贮藏。

生物学特性：花期4—5月，果期11—12月。

胡柚枝叶（徐正浩摄）

胡柚叶（徐正浩摄）

胡柚果实（徐正浩摄）

胡柚果期植株（徐正浩摄）

生境特征：在三衢山喀斯特地貌中栽植于山坡、绿地等生境。

分布：是浙江省常山县特有的柑橘品种，起源于该县的青石乡澄潭村。

2. 柑橘 *Citrus reticulata* Blanco

中文异名：橘子

英文名：tangerine，mandarin orange

分类地位：植物界（Plantae）

被子植物门（Angiospermae）

双子叶植物纲（Dicotyledoneae）

无患子目（Sapindales）

芸香科（Rutaceae）

柑橘属（*Citrus* Linn.）

柑橘（*Citrus reticulata* Blanco）

形态学鉴别特征：小乔木。分枝多，枝扩展或略下垂，刺较少。单身复叶，翼叶通常狭窄，或仅有痕迹，叶片披针形、椭圆形或阔卵形，大小变异较大，顶端常有凹口，中脉自基部至凹口附近成叉状分枝，叶缘至少上半段通常有钝或圆裂齿，很少全缘。花单生或2~3朵簇生，花萼不规则3~5浅裂，花瓣通常长1.5cm以内，雄蕊20~25枚，花柱细长，柱头头状。果形变化较大，通常扁圆形至近圆球形，果皮甚薄而光滑，或厚而粗糙，淡黄色、朱红色或深红色，甚易或稍易剥离，橘络甚多或较少，呈网状，易分离，通常柔嫩，中心柱大而常空，稀充实，瓢囊7~14瓣，稀较多，囊壁薄或略厚，柔嫩或颇韧，汁胞通常纺锤形，短而膨大，稀细长，果肉酸或甜，或有苦味，或另有特异气味。种子多数或少数，稀无籽，通常卵形，顶部狭尖，基部浑圆，子叶深绿、淡绿或间有近于乳白色，合点紫色，多胚，少有单胚。

生物学特性：花期4—5月，果期10—12月。

生境特征：在三衢山喀斯特地貌中栽植于低山坡、绿地等。

柑橘花（徐正浩摄）

柑橘花枝（徐正浩摄）

柑橘花瓣和雌雄蕊（徐正浩摄）

柑橘果实（徐正浩摄）

分布：产于中国秦岭南坡以南、伏牛山南坡诸水系及大别山区南部，向东南至台湾，南至海南岛，西南至西藏东南部海拔较低地区。

3. 金橘 *Citrus japonica* Thunb.

中文异名：公孙橘、牛奶柑、长寿金柑、罗浮

拉丁文异名：*Fortunella margarita* (Lour.) Swingle

英文名：cumquat

分类地位：植物界（Plantae）

被子植物门（Angiospermae）

双子叶植物纲（Dicotyledoneae）

无患子目（Sapindales）

芸香科（Rutaceae）

柑橘属（*Citrus* Linn.）

金橘（*Citrus japonica* Thunb.）

金橘花（徐正浩摄）

形态学鉴别特征：树高3m以内。枝有刺。叶质厚，浓绿，卵状披针形或长椭圆形，长5~11cm，宽2~4cm，顶端略尖或钝，基部宽楔形或近于圆形。叶柄长达1.2cm，翼叶甚窄。单花或2~3朵花簇生，花梗长3~5mm，花萼4~5裂，花瓣5片，长6~8mm，雄蕊20~25枚。子房椭圆形，花柱细长，通常为子房长的1.5倍，柱头稍增大。果椭圆形或卵状椭圆形，长2~3.5cm，橙黄至橙红色，果皮味甜，厚2mm，油胞常稍凸起，瓢囊5瓣或4瓣，果肉味酸。有种子2~5粒，种子卵形，端尖，子叶及胚均绿色，单胚或偶有多胚。

生物学特性：花期3—5月，果期10—12月。盆栽的多次开花，至春节前夕果成熟。

生境特征：在三衢山喀斯特地貌中栽植于等生境。

分布：中国华南地区有分布。

金橘果实（徐正浩摄）

金橘成熟期植株（徐正浩摄）

4. 柚 *Citrus maxima* Merr.

中文异名：柚子、文旦

英文名：pomelo, pummelo, shaddock

分类地位：植物界（Plantae）

被子植物门（Angiospermae）

双子叶植物纲（Dicotyledoneae）

无患子目（Sapindales）

芸香科（Rutaceae）

柑橘属（*Citrus* Linn.）

柚（*Citrus maxima* Merr.）

形态学鉴别特征：常绿乔木。嫩枝、叶背、花梗、花萼及子房被柔毛，嫩叶常暗紫红色，嫩枝扁且有棱。叶质厚，浓绿，阔卵形或椭圆形，连翼叶长9~16cm，宽4~8cm，顶端钝圆，有

柚树枝（徐正浩摄）

柚枝叶（徐正浩摄）

柚叶面（徐正浩摄）

柚花（徐正浩摄）

柚果实（徐正浩摄）

柚果实成熟期植株（徐正浩摄）

时短尖，基部圆，翼叶长2~4cm，宽0.5~3cm。花序总状，常兼有腋生单花。花蕾淡紫红色，稀乳白色。花萼不规则3~5浅裂。花瓣5片，长1.5~2cm，宽3~6mm。雄蕊25~35枚，有时部分雄蕊不育。花柱粗长，柱头较子房大。果圆球形、扁圆形、梨形或阔圆锥状，径10cm以上，淡黄色或黄绿色。种子形状不规则，常矩形。

生物学特性：花期4—5月，果期9—12月。

生境特征：在三衢山喀斯特地貌中栽植于绿地、路边等生境。

分布：中国华南等地有分布。

第12章

杜英科 Elaeocarpaceae

杜英科（Elaeocarpaceae）隶属酢浆草目（Oxalidales），具12属，含615种，其中最大的2个属为杜英属（*Elaeocarpus* Linn.）和猴欢喜属（*Sloanea* Linn.），分别具350种和150种。常为乔木或灌木。多数分布于热带和亚热带地区，一些种分布于温带地区。多数为常绿树种，分布于马达加斯加、澳大利亚、新西兰、亚洲东南部和南美洲等。雌雄同体或异体，花簇生。

常绿或半落叶木本。单叶互生或对生，具柄。托叶存在或缺如。花两性或杂性，单生或排成总状或圆锥花序。萼片4片或5片，分离或连合，通常镊合状排列。花瓣4片或5片，镊合状或覆瓦状排列，有时不存在，先端撕裂或全缘。雄蕊多数，分离，生于花盘上或花盘外。子房上位，2室至多室。花柱连合或分离。胚珠每室2颗至多颗。果为核果或蒴果。种子富含胚乳。胚扁平。

1. 秃瓣杜英 *Elaeocarpus glabripetalus* Merr.

分类地位：植物界（Plantae）

被子植物门（Angiospermae）

双子叶植物纲（Dicotyledoneae）

酢浆草目（Oxalidales）

杜英科（Elaeocarpaceae）

杜英属（*Elaeocarpus* Linn.）

秃瓣杜英（*Elaeocarpus glabripetalus* Merr.）

形态学鉴别特征：乔木。高12m。嫩枝秃净无毛，多少有棱，干后红褐色。老枝圆柱形，暗褐色。叶纸质或膜质，倒披针形，长8~12cm，宽3~4cm，先端尖锐，尖头钝，基部变窄而下延，叶面干后黄绿色，发亮，而不是暗褐色，叶背浅绿色，多少发亮，侧脉7~8对，在叶背突起，网脉疏，在叶面不明显，在叶背略突起，边缘有小钝齿。叶柄长4~7mm，偶有长达1cm，无毛，干后变黑色。总状花序常生于无叶的去年枝上，长5~10cm，纤细，花序轴有微毛。花柄长5~6mm。萼片5片，披针形，长5mm，宽1.5mm，外面有微毛。花瓣5片，白色，长5~6mm，先端较宽，撕裂为14~18条，基部窄，外面无毛。雄蕊20~30枚，长3.5mm，花丝极短，花药顶端无附属物但有毛丛。花盘5裂，被毛。子房2~3室，被毛，花柱长3~5mm，有微毛。核果椭圆形，长1~1.5cm，内果皮薄骨质，表面有浅沟纹。

秃瓣杜英叶（徐正浩摄）

秃瓣杜英花（徐正浩摄）

秃瓣杜英果实（徐正浩摄）

秃瓣杜英发育果实（徐正浩摄）

生物学特性：花期7月。

生境特征：生于常绿林里。在三衢山喀斯特地貌中栽植于绿地、路边等生境。

分布：中国西南、华南、东南、华中和华东有分布。

第13章

锦葵科 Malvaceae

锦葵科（Malvaceae）隶属锦葵目（Malvales），具244属，含4225种。APG分类系统将以往的木棉科（Bombacaceae）、椴树科（Tiliaceae）和梧桐科（Sterculiaceae）3个科，合并入锦葵科（Malvaceae）。

锦葵科植物为草本、灌木、乔木或藤本。叶互生，掌状或复合掌状脉，全缘或叶脉抵达叶端的锯齿叶。常具托叶。茎具黏液管，常具黏液腔，具星状毛，而木棉亚科（Bombacoideae）常具厚刺。花常退化为单花，茎生，与叶对生或顶生，苞片多片。花单性或两性，辐射对称，具副萼。萼片5片，镊合状，多数基部合生，花瓣5片，覆瓦状。雄蕊5枚至多数，基部多少联合，常在雌蕊周边形成管状。雌蕊含2个至多个心皮，子房上位，中轴胎座，柱头头状或具裂。花的蜜腺由腺状毛集生而成，常与萼片对生。果实为背室开裂蒴果、分果或坚果。

1. 木槿 *Hibiscus syriacus* Linn.

中文异名： 朝天暮落花、荆条、木棉、朝开暮落花、白花木槿

英文名： Syrian ketmia，rose mallow，St Joseph's rod

分类地位： 植物界（Plantae）

被子植物门（Angiospermae）

双子叶植物纲（Dicotyledoneae）

锦葵目（Malvales）

锦葵科（Malvaceae）

木槿属（*Hibiscus* Linn.）

木槿（*Hibiscus syriacus* Linn.）

形态学鉴别特征： 落叶灌木。高3~4m。小枝密被黄色星状茸毛。叶菱形至三角状卵形，长3~10cm，宽2~4cm，具深浅不同的3裂或无裂，先端钝，基部楔形，边缘具不整齐齿缺，叶背沿叶脉微被毛或近无毛，叶面被星状柔毛，叶柄长5~25mm。托叶线形，长6mm，疏被柔毛。花单生于枝端叶腋间，花梗长4~14mm，被星状短茸毛。小苞片6~8片，线形，长6~15mm，宽1~2mm，密被星状疏茸毛。花萼钟形，长14~20mm，密被星状短茸毛，裂片5片，三角形。花钟形，淡紫色，直径5~6cm，花瓣倒卵形，长3.5~4.5cm，外面疏被纤毛和星状长

木槿枝叶（徐正浩摄）

木槿叶（徐正浩摄）

木槿花（徐正浩摄）

木槿花期植株（徐正浩摄）

柔毛。雄蕊柱长3cm，花柱枝无毛。蒴果卵圆形，直径12mm，密被黄色星状茸毛。种子肾形，背部被黄白色长柔毛。

生物学特性：花期7—10月。

生境特征：在三衢山喀斯特地貌中栽植于绿地、路边、岩石山地等生境。

分布：除东北和西北以外，中国大部分地区有分布。

2. 重瓣木芙蓉 *Hibiscus mutabilis* ‘Plenus’

分类地位：植物界（Plantae）

被子植物门（Angiospermae）

双子叶植物纲（Dicotyledoneae）

锦葵目（Malvales）

锦葵科（Malvaceae）

木槿属（*Hibiscus* Linn.）

重瓣木芙蓉（*Hibiscus mutabilis* ‘Plenus’）

重瓣木芙蓉叶（徐正浩摄）

形态学鉴别特征：落叶灌木或小乔木。高2~4m。叶宽卵形至卵圆形或心形，长8~12cm，宽10~15cm，常5~7裂，裂片三角形，先端渐尖，具钝圆锯齿，主脉7~11条，叶柄长5~20cm。花单生于枝端叶腋。萼钟形，长2.5~3cm，裂片5片，卵形，渐尖头。花重瓣，径4~5cm，粉红色。雄蕊柱长2.5~3cm。花柱5个。蒴果扁球形，径2~2.5cm，果瓣5个。种子肾形。

生物学特性：花期8—10月，果期10—11月。

生境特征：在三衢山喀斯特地貌中栽植于绿地、水边、岩石山地等生境。

分布：原产于中国湖南，中国辽宁、河北、山东、陕西、安徽、江苏、浙江、江西、福建、台湾、广东、广西、湖北、四川、贵州和云南等地有栽培。日本和东南亚各国也有栽培。

重瓣木芙蓉花（徐正浩摄）

重瓣木芙蓉花序（徐正浩摄）

重瓣木芙蓉花期植株（徐正浩摄）

重瓣木芙蓉盛花期植株（徐正浩摄）

第14章

山茶科 Theaceae

APGⅣ分类系统中山茶科（Theaceae）隶属杜鹃花目（Ericales），具9属。单叶，螺旋状互生至2列，具锯齿，光滑无毛。多数属常绿，但紫茎属(*Stewartia* Linn.）和洋木荷属(*Franklinia* W. Bartram ex Marshall）为落叶种。花粉红或白色，大而鲜艳，具浓香。萼片5片至多片，宿存。花瓣5基数，稀为多数。雄蕊多数，分离或在花冠基部合生。子房常具毛，渐狭为花柱，分枝或开裂。心皮与花瓣对生，或在山茶属（*Camellia* Linn.）中与萼片对生。蒴果背室开裂，或为不开裂浆果，有时为梨形果实。种子少，有时具翅，由肉质组织包裹；或无翅，周边无肉质组织包裹。

1. 油茶　*Camellia oleifera* C. Abel.

中文异名：野油茶、山油茶

英文名：oil-seed camellia，tea oil camellia

分类地位：植物界（Plantae）

被子植物门（Angiosperms）

双子叶植物纲（Dicotyledoneae）

杜鹃花目（Ericales）

山茶科（Theaceae）

山茶属（*Camellia* Linn.）

油茶（*Camellia oleifera* C. Abel.）

形态学鉴别特征：灌木或中乔木。嫩枝有粗毛。叶革质，椭圆形、长圆形或倒卵形，先端尖而有钝头，有时渐尖或钝，基部楔形，长5~7cm，宽2~4cm，有时较长，叶面深绿色，发亮，中脉有粗毛或柔毛，叶背浅绿色，无毛或中脉有长毛，侧脉在叶面能见，在叶背不很明显，边缘有细锯齿，有时具钝齿，叶柄长4~8mm，有粗毛。花顶生，近于无柄，苞片与萼片共10片，由外向内逐渐增大，阔卵形，长3~12mm，背面有贴紧柔毛或绢毛，花后脱落，花瓣白色，5~7片，倒卵形，长2.5~3cm，宽1~2cm，有时较短或更长，先端凹入或2裂，基部狭窄，近于离生，背面有丝毛，至少在最外侧的有丝毛。雄蕊长1~1.5cm，外侧雄蕊仅基部略连生，偶有花丝管长达7mm，无毛，花药黄色，背部着生。子房有黄长毛，3~5室，花柱长1cm，无毛，先端不同程度3裂。蒴果球形或卵圆形，直径2~4cm，3室或1室，3瓣或2瓣裂开，每室有种子1粒

油茶枝叶（徐正浩摄）

油茶花（徐正浩摄）

油茶山地生境植株（徐正浩摄）

或2粒，果瓣厚3~5mm，木质，中轴粗厚。苞片及萼片脱落后留下的果柄长3~5mm，粗大，有环状短节。

生物学特性：花期冬春间。

生境特征：在三衢山喀斯特地貌中栽植于山地等生境。

分布：中国海南省有野生种。

2. 茶 *Camellia sinensis* (Linn.) O. Kuntze

中文异名：茶树、槚、茗、荈

英文名：tea plant，tea shrub，tea tree

分类地位：植物界（Plantae）

被子植物门（Angiosperms）

双子叶植物纲（Dicotyledoneae）

杜鹃花目（Ericales）

山茶科（Theaceae）

山茶属（*Camellia* Linn.）

茶（*Camellia sinensis* （Linn.）O. Kuntze）

形态学鉴别特征：灌木或小乔木。嫩枝无毛。叶革质，长圆形或椭圆形，长4~12cm，宽2~5cm，先端钝或尖锐，基部楔形，叶面发亮，叶背无毛或初时有柔毛，侧脉5~7对，边缘有锯齿，叶柄长3~8mm，无毛。花1~3朵腋生，白色，花柄长4~6mm，有时稍长。苞片2片，早落。萼片5片，阔卵形至圆形，长3~4mm，无毛，宿存。花瓣5~6片，阔卵形，长1~1.6cm，基部略连合，背面无毛，有时有短柔毛。雄蕊长8~13mm，基部连生1~2mm。子房密生白毛。花柱无毛，先端3裂，裂片长2~4mm。蒴果3球形或1~2球形，高1.1~1.5cm，每球有种子1~2粒。

生物学特性：花期10月至翌年2月。

生境特征：在三衢山喀斯特地貌中栽植于山甸、山地等生境。

分布：野生种遍见于中国长江以南各省的山区。

茶叶序（徐正浩摄）

茶花（徐正浩摄）

茶果实（徐正浩摄）

茶山甸生境植株（徐正浩摄）

茶岩石山地生境植株（徐正浩摄）

茶居群（徐正浩摄）

3. 茶梅 *Camellia sasanqua* Thunb.

中文异名：茶梅花

英文名：sasanqua camellia

分类地位：植物界（Plantae）

被子植物门（Angiosperms）

双子叶植物纲（Dicotyledoneae）

杜鹃花目（Ericales）

山茶科（Theaceae）

山茶属（*Camellia* Linn.）

茶梅（*Camellia sasanqua* Thunb.）

形态学鉴别特征：常绿小乔木。嫩枝有毛。叶革质，椭圆形，长3~5cm，宽2~3cm，先端短尖，基部楔形，有时略圆，叶面干后深绿色，发亮，叶背褐绿色，侧脉5~6对，边缘有细锯齿，叶柄长4~6mm。花大小不一，径4~7cm。苞片及萼片6~7片，被柔毛。花瓣6~7片，阔倒卵形，近离生，大小不一，最大的长5cm，宽6cm，红色。雄蕊离生，长1.5~2cm。子房被茸毛，

茶梅枝叶（徐正浩摄）

茶梅叶（徐正浩摄）

茶梅重瓣花（徐正浩摄）

茶梅果实（徐正浩摄）

花柱长1~1.3cm，3深裂几达基部。蒴果球形，宽1.5~2cm，1~3室，果3瓣裂。种子褐色，无毛。

生物学特性：花期1—3月，果期8—11月。

生境特征：在三衢山喀斯特地貌中栽植于绿地、路边、溪边等生境。

分布：原产于日本西部。

茶梅花期植株（徐正浩摄）

4. 单体红山茶 *Camellia uraku* Kitam.

中文异名：美人茶

分类地位：植物界（Plantae）

被子植物门（Angiosperms）

双子叶植物纲（Dicotyledoneae）

杜鹃花目（Ericales）

山茶科（Theaceae）

山茶属（*Camellia* Linn.）

单体红山茶（*Camellia uraku* Kitam.）

形态学鉴别特征：常绿小乔木。高1.5~6m。嫩枝无毛。叶革质，椭圆形或长圆形，长6~9cm，宽3~4cm，先端短急尖，基部楔形，有时近于圆形，叶面发亮，无毛，侧脉6~7对，边缘有略钝的细锯齿，叶柄长7~8mm。花粉红色或白色，顶生，无柄，花瓣7片，花径4~6cm。苞片及萼片8~9片，阔倒卵圆形，长4~15mm，有微毛。雄蕊3~4轮，长1.5~2cm，外轮花丝连成短管，无毛。子房有毛，3室，花柱长2cm，先端3浅裂。

单体红山茶花枝（徐正浩摄）

单体红山茶枝叶（徐正浩摄）

单体红山茶叶（徐正浩摄）

单体红山茶花期植株（徐正浩摄）

生物学特性：花期12月至翌年4月，果期10月。

生境特征：在三衢山喀斯特地貌中栽植于岩石山地、路边等生境。

分布：原产于日本。

5. 浙江红山茶 *Camellia chekiangoleosa* Hu

中文异名：浙江红花油茶

分类地位：植物界（Plantae）

被子植物门（Angiosperms）

双子叶植物纲（Dicotyledoneae）

杜鹃花目（Ericales）

山茶科（Theaceae）

山茶属（*Camellia* Linn.）

浙江红山茶（*Camellia chekiangoleosa* Hu）

形态学鉴别特征：常绿小乔木。高6m。嫩枝无毛。叶革质，椭圆形或倒卵状椭圆形，长8~12cm，宽2.5~5.5cm，先端短尖或急尖，基部楔形或近于圆形，叶面深绿色，发亮，叶背浅绿色，侧脉7~8对，边缘3/4有锯齿，叶柄长1~1.5cm。花红色，顶生或腋生单花，径8~12cm，无梗。苞片及萼片14~16片，宿存，近圆形，长6~23mm，外侧有银白色绢毛。花瓣7片，最外2片倒卵形，长3~4cm，宽2.5~3.5cm，外侧靠先端有白绢毛，内侧5片阔

浙江红山茶茎叶（徐正浩摄）

浙江红山茶叶（徐正浩摄）

浙江红山茶花（徐正浩摄）

浙江红山茶花药（徐正浩摄）

浙江红山茶花期山地生境植株（徐正浩摄）

倒卵形，长5~7cm，宽4~5cm，先端2裂。雄蕊排成3轮，花药黄色。子房无毛，花柱长1.5~2cm，先端3~5裂。蒴果卵球形，宽5~7cm，先端有短喙，下面有宿存萼片及苞片，果瓣3~5个，厚0.7~1cm，中轴具3~5条棱，长1.5~3cm。种子每室3~8粒，长1.5~2cm。

生物学特性：花期10月至翌年4月，果期9月。

生境特征：在三衢山喀斯特地貌中栽植于岩石山地等生境。

分布：中国福建、江西、湖南、浙江等地有分布。

6. 山茶 *Camellia japonica* Linn.

中文异名：茶花、红山茶

英文名：common camellia，Japanese camellia，rose of winter

分类地位：植物界（Plantae）

被子植物门（Angiosperms）

双子叶植物纲（Dicotyledoneae）

杜鹃花目（Ericales）

山茶科（Theaceae）

山茶属（*Camellia* Linn.）

山茶（*Camellia japonica* Linn.）

形态学鉴别特征：常绿灌木或小乔木。高9m。嫩枝无毛。叶革质，椭圆形，长5~10cm，宽2.5~5cm，先端略尖，或急短尖而有钝尖头，基部阔楔形，叶面深绿色，叶背浅绿色，无毛，

山茶茎叶（徐正浩摄）

山茶叶（徐正浩摄）

山茶叶序（徐正浩摄）

山茶白花（徐正浩摄）

山茶粉红花（徐正浩摄）

山茶花瓣与雄蕊（徐正浩摄）

山茶花期景观植株（徐正浩摄）

侧脉7~8对，在叶面和叶背均能见，边缘有相隔2~3.5cm的细锯齿，叶柄长8~15mm。花顶生，红色，无梗。苞片及萼片8~10片，组成长2.5~3cm的杯状苞被，半圆形至圆形，长4~20mm。花瓣6~7片。雄蕊3轮，长2.5~3cm，外轮花丝基部连生，花丝管长1~1.5cm，内轮雄蕊离生，稍短。子房无毛，花柱长2~2.5cm，先端3裂。蒴果圆球形，径2.5~3cm，2~3室，每室有种子1~2粒，3瓣裂开，果瓣厚木质。

生物学特性：花期1—3月，果期9—10月。

生境特征：在三衢山喀斯特地貌中栽植于绿地、溪边、路边、岩石山地等生境。

分布：中国华东等地有分布。朝鲜、韩国和日本也有分布。

第15章

五列木科 Pentaphylacaceae

五列木科（Pentaphylacaceae）隶属杜鹃花目（Ericales），具12属，含340种。厚皮香属（*Ternstroemia* Mutis ex Linn. f.）在以往的植物学分类系统中归属山茶科（Theaceae）厚皮香亚科（Ternstroemioideae），APGⅢ分类系统中将其归入五列木科，取消亚科，设立厚皮香族（Ternstroemieae）。

1. 厚皮香 *Ternstroemia gymnanthera* (Wight et Arn.) Sprague

分类地位：植物界（Plantae）
被子植物门（Angiosperms）
双子叶植物纲（Dicotyledoneae）
杜鹃花目（Ericales）
五列木科（Pentaphylacaceae）
厚皮香属（*Ternstroemia* Mutis ex Linn. f.）
厚皮香（*Ternstroemia gymnanthera*（Wight et Arn.）Sprague）

形态学鉴别特征：灌木或小乔木。高1.5~10m，有时达15m，胸径30~40cm。全株无毛。树皮灰褐色，平滑。嫩枝浅红褐色或灰褐色，小枝灰褐色。叶革质或薄革质，通常聚生于枝端，呈假轮生状，椭圆形、椭圆状倒卵形至长圆状倒卵形，长5.5~9cm，宽2~3.5cm，顶端短渐尖或急窄缩成短尖，尖头钝，基部楔形，边全缘，少有上半部疏生浅疏齿，齿尖具黑色小点。叶面深绿色或绿色，有光泽，叶背浅绿色，干后常呈淡红褐色，中脉在叶面稍凹下，在叶背隆起，侧脉5~6对，两面均不明显，少有在叶面隐约可见。叶柄长7~13mm。花两性或单性，径1~1.4cm，通常生于当年生无叶的小枝或叶腋上。花梗长0.5~1cm，稍粗壮。两性花：小苞片2片，三角形或三角状卵形，长1.5~2mm，顶端尖，边缘具腺状齿突；萼片5片，卵圆形或长圆卵形，长4~5mm，宽3~4mm，顶端圆形，边缘通常疏生线状齿突，无毛；花瓣5片，淡黄

厚皮香枝叶（徐正浩摄）

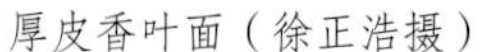
厚皮香叶面（徐正浩摄）

厚皮香叶背（徐正浩摄）

白色，倒卵形，长6~7mm，宽4~5mm，顶端圆形，常微凹；雄蕊50枚，长4~5mm，长短不一，花药长圆形，远长于花丝，无毛；子房圆卵形，2室，胚珠每室2颗，花柱短，顶端2浅裂。果实圆球形，长8~10mm，径7~10mm。小苞片和萼片均宿存。果梗长1~1.2cm，宿存花柱长1~1.5mm，顶端2浅裂。种子肾形，每室1粒，成熟时肉质假种皮红色。

生物学特性：花期6—9月，果期10—12月。

生境特征：在三衢山喀斯特地貌中栽植于绿地、岩石山地等生境。

分布：中国华东、华中、华北、华南、西南等地有分布。越南、老挝、泰国、柬埔寨、尼泊尔、不丹及印度也有分布。

第16章

千屈菜科 Lythraceae

APG分类系统中，千屈菜科（Lythraceae）隶属桃金娘目（Myrtales），具32属，620余种。千屈菜科植物为草本、灌木或乔木。世界广布，多数分布于热带地区和温带地区。叶片常对生，花瓣着生于萼筒边，常皱缩。灌木和乔木常具片状树皮。其重要特征为：花瓣在芽中皱缩，种子外被多层珠被。叶片除对生外，有时轮生或互生。单叶，叶缘光滑，具羽状脉。托叶退化为1列微小毛或无托叶。花两性，辐射对称，或有时两侧对称，具完好发育的隐头花序。花多数为4基数，但也有6基数，具4~8片萼片和花瓣。萼片部分合生，形成萼筒，或紧密但不重叠。花瓣在花芽时成皱褶状，展开时皱缩，相互折叠，但有时花瓣缺如。雄蕊常为花瓣的2倍，排成2轮，不等长。雄蕊有时退化为1轮，或具多轮。子房上位，有时半下位，稀下位。心皮2片至多片，可形成合生心皮。每室具2颗至多颗胚珠。中轴胎座。花柱2个或3个。果实为干果、开裂的蒴果，有时为浆果。种子扁平，具翅，有多层外皮，皮毛开展，湿时黏质。

1. 紫薇 *Lagerstroemia indica* (Linn.) Pers.

中文异名：无皮树、西洋水杨梅、痒痒树、痒痒花

英文名：crape myrtle，crepe myrtle，crepe flower

分类地位：植物界（Plantae）

被子植物门（Angiosperms）

双子叶植物纲（Dicotyledoneae）

桃金娘目（Myrtales）

千屈菜科（Lythraceae）

紫薇属（*Lagerstroemia* Linn.）

紫薇（*Lagerstroemia indica*（Linn.）Pers.）

形态学鉴别特征：落叶灌木或小乔木，高可达7m。树皮平滑，灰色或灰褐色。枝干多扭曲，小枝纤细，具4棱，略成翅状。叶互生或有时对生，纸质，椭圆形、阔矩圆形或倒卵形，长2.5~7cm，宽1.5~4cm，顶端短尖或钝形，有时微凹，基部阔楔形或近圆形，无毛或下面沿中脉有微柔毛，侧脉3~7对，小脉不明显。无柄或叶柄很短。花淡红色或紫色、白色，径3~4cm，常组成长7~20cm的顶生圆锥花序。花梗长3~15mm，中轴及花梗均被柔毛。花萼长7~10mm，

紫薇树干树枝（徐正浩摄）

紫薇枝叶（徐正浩摄）

紫薇叶序（徐正浩摄）

紫薇花（徐正浩摄）

外面平滑无棱，但鲜时萼筒有微突起短棱，两面无毛，裂片6片，三角形，直立，无附属体。花瓣6片，皱缩，长12~20mm，具长爪。雄蕊36~42枚，外面6枚着生于花萼上，比其余的长得多。子房3~6室，无毛。蒴果椭圆状球形或阔椭圆形，长1~1.3cm，幼时绿色至黄色，成熟时或干燥时呈紫黑色，室背开裂。种子有翅，长8mm。

紫薇生境植株（徐正浩摄）

生物学特性：花期6—9月，果期9—12月。

生境特征：在三衢山喀斯特地貌中栽植于绿地、岩石山地、路边等生境。

分布：中国西南、华南、东南、华中、华北、华东和东北有分布。南亚和东南亚也有分布。

2. 石榴 *Punica granatum* Linn.

中文异名：若榴木、丹若、山力叶、安石榴、花石榴

英文名：pomegranate

分类地位：植物界（Plantae）

被子植物门（Angiosperms）

双子叶植物纲（Dicotyledoneae）

桃金娘目（Myrtales）

千屈菜科（Lythraceae）

石榴属（*Punica* Linn.）

石榴（*Punica granatum* Linn.）

形态学鉴别特征：落叶灌木或乔木，高通常3~5m，稀达10m。枝顶常呈尖锐长刺，幼枝具棱角，无毛，老枝近圆柱形。叶通常对生，纸质，矩圆状披针形，长2~9cm，顶端短尖、钝尖或微凹，基部短尖至稍钝形，叶面光亮，侧脉稍细密，叶柄短。花大，1~5朵生于枝顶。萼筒长2~3cm，通常红色或淡黄色，裂片略外展，卵状三角形，长8~13mm，外面近顶端有1个黄绿色腺体，边缘有小乳突。花瓣通常大，红色、黄色或白色，长1.5~3cm，宽1~2cm，顶端圆形。花丝无毛，长达13mm。花柱长超过雄蕊。浆果近球形，直径5~12cm，通常为淡黄褐色或淡黄绿色，有时白色，稀暗紫色。种子多数，钝角形，红色至乳白色，肉质的外种皮供食用。

生物学特性：花期5—6月，果期9—10月。

生境特征：在三衢山喀斯特地貌中栽植于绿地、山地、路边等生境。

分布：原产于巴尔干半岛至伊朗及其邻近地区。

石榴花枝（徐正浩摄）

石榴果期植株（徐正浩摄）

3. 重瓣石榴 *Punica granatum* 'Pleniflora'

中文异名：重瓣红石榴

英文名：double pomegranate

分类地位：植物界（Plantae）
　　被子植物门（Angiosperms）
　　　双子叶植物纲（Dicotyledoneae）
　　　　桃金娘目（Myrtales）
　　　　　千屈菜科（Lythraceae）
　　　　　　石榴属（*Punica* Linn.）
　　　　　　　重瓣石榴（*Punica granatum* 'Pleniflora'）

形态学鉴别特征：石榴的栽培变种。与石榴的主要区别在于其花大型，重瓣，大红色。

生物学特性：春季至秋季均能开花，以夏季最盛。

生境特征：在三衢山喀斯特地貌中栽植于绿地、溪边、路边、岩石山地等生境。

分布：中国广泛分布。

重瓣石榴枝叶（徐正浩摄）

重瓣石榴花（徐正浩摄）

重瓣石榴果实（徐正浩摄）

第17章

柿科 Ebenaceae

柿科（Ebenaceae）隶属杜鹃花目（Ericales），具4属，含768种。柿科植物为乔木或灌木。分布于世界热带和暖温带地区，在马来西亚热带雨林、印度、非洲和美洲热带地区种类较多。树皮黑色。叶片常互生，但一些种叶对生或轮生。常为聚伞花序，有时为总状或圆锥状，一些植物为单花。雌雄同株。花瓣3~8片，基部联合。雄蕊离生或成对着生于花冠内壁。柱头可达8个。花萼宿存。果实浆果状或蒴果状。

1. 柿 *Diospyros kaki* Thunb.

中文异名：柿子

英文名：Japanese persimmon，Chinese persimmon，oriental persimmon

分类地位：植物界（Plantae）

被子植物门（Angiosperms）

双子叶植物纲（Dicotyledoneae）

杜鹃花目（Ericales）

柿科（Ebenaceae）

柿属（*Diospyros* Linn.）

柿（*Diospyros kaki* Thunb.）

形态学鉴别特征：落叶大乔木。高达10~14m，胸径达65cm。树皮深灰色至灰黑色，树冠球形或长圆球形。枝开展，带绿色至褐色。冬芽小，卵形，长2~3mm，先端钝。叶纸质，卵状椭圆形至倒卵形或近圆形，长5~20cm，宽3~10cm，先端渐尖或钝，基部楔形，侧脉每边5~7条，叶柄长8~20mm。雌雄异株，间或雄株有少数雌花，雌株有少数雄花。聚伞花序腋生。雄花的花序小，长1~1.5cm，具花3~5朵，常3朵，总花梗长4~5mm，雄花长5~10mm，花萼和花冠钟状，雄蕊15~25枚，花丝短，花药椭圆状长圆形，退化子房微小，花

柿花（徐正浩摄）

柿果实（徐正浩摄）

柿果期植株（徐正浩摄）

梗长2~3mm。雌花单生于叶腋，长1.5~2cm，花萼绿色，径2~3cm，4深裂，萼管球状钟形，肉质，长4~5mm，径7~10mm，花冠淡黄白色或黄白色而带紫红色，壶形或近钟形，长和径各1.2~1.5cm，4裂，花冠管近四棱形，径6~10mm，退化雄蕊8枚，子房近扁球形，径5~6mm，8室，每室有胚珠1颗，花柱4深裂，柱头2浅裂，花梗长6~20mm，密生短柔毛。果球形、扁球形、球形略呈方形或卵形等，径3~8cm，种子数粒，宿存萼在花开后增大增厚，宽3~4cm，4裂，果柄粗壮，长6~12mm。种子褐色，椭圆状，长1.5~2cm，宽0.6~1cm，侧扁。

柿果熟期植株（徐正浩摄）

生物学特性：花期5—6月，果期9—11月。深根性树种，又是阳性树种，喜温暖气候。

生境特征：在三衢山喀斯特地貌中栽植于绿地、平地或山地等生境。

分布：中国长江流域有分布。

第18章

木樨科 Oleaceae

木樨科（Oleaceae）隶属唇形目（Lamiales），具26属，含700余种。木樨科植物多数为木本，常为乔木或灌木，一些为藤本。一些灌木匍匐状生长，攀缘于其他植物上。温带和热带地区的种多为常绿种，而寒冷地区常为落叶种。单叶、三出复叶或羽状复叶，对生，稀互生，一些素馨属（*Jasminum* Linn.）植物种叶片呈螺旋状排列。无托叶。叶脉羽状，叶缘具锯齿或全缘。雌雄同株，有时杂性同株。花两性，辐射对称，呈总状或圆锥花序。常具芳香。花萼和花冠均合生，萼片和花瓣合生，或至少基部合生。雄蕊2枚，着生于花冠筒或与花瓣互生。柱头2裂。心皮2片。子房上位，2室，每室常2颗胚珠，有时4颗，稀更多。中轴胎座。蜜腺盘常围绕子房基部。果实为浆果、核果、蒴果或翼果。木樨科与香茜科（Carlemanniaceae）的区别在于：木樨科花辐射对称，雄蕊退化为2枚。

1. 日本女贞 *Ligustrum japonicum* Thunb.

英文名：Japanese privet

分类地位：植物界（Plantae）

被子植物门（Angiosperms）

双子叶植物纲（Dicotyledoneae）

唇形目（Lamiales）

木樨科（Oleaceae）

女贞属（*Ligustrum* Linn.）

日本女贞（*Ligustrum japonicum* Thunb.）

形态学鉴别特征：大型常绿灌木。高3~5m。无毛，小枝灰褐色或淡灰色，圆柱形，疏生圆形或长圆形皮孔，幼枝圆柱形，稍具棱，节处稍扁压。叶片厚革质，椭圆形或宽卵状椭圆形，稀卵形，长5~10cm，宽2.5~5cm，先端锐尖或渐尖，基部楔形、宽楔形至圆形，叶面深绿色，光亮，叶背黄绿色，中脉在叶面凹入，在叶背凸起，侧脉4~7对，叶柄长0.5~1.5cm。圆锥花序塔形，长5~17cm。花梗长不超过2mm。小苞片披针形，长1.5~10mm。花萼长1.5~1.8mm，先端近截形或具不规则齿裂。花冠长5~6mm，花冠管长3~3.5mm。雄蕊伸出花冠管外，花丝几乎与花冠裂片等长，花药长圆形，长1.5~2mm。花柱长3~5mm，稍伸出于花冠管外，柱头棒状，先端2浅裂。果长圆形或椭圆形，长8~10mm，宽6~7mm，直立，呈紫黑色，外被白粉。

日本女贞茎叶（徐正浩摄）

日本女贞叶序（徐正浩摄）

日本女贞花（徐正浩摄）

日本女贞花序（徐正浩摄）

生物学特性：花期6月，果期11月。

生境特征：在三衢山喀斯特地貌中栽植于绿地、溪边、岩石山地、路边等生境。

分布：原产于日本。朝鲜南部也有分布。

日本女贞花境植株（徐正浩摄）

2. 金叶女贞 *Ligustrum × vicaryi* Hort.

英文名：hybrida vicary privet

分类地位：植物界（Plantae）

被子植物门（Angiosperms）

双子叶植物纲（Dicotyledoneae）

唇形目（Lamiales）

木樨科（Oleaceae）

女贞属（*Ligustrum* Linn.）

金叶女贞（*Ligustrum* × *vicaryi* Hort.）

形态学鉴别特征：半常绿或落叶小灌木。由金边卵叶女贞（*Ligustrum ovalifolium* Hassk. cv. Aureo-marginatum）与欧洲女贞（*Ligusturm* vulgare Linn.）杂交育成。植株高2~3m，冠幅1.5~2m。单叶对生，椭圆形或卵状椭圆形，长2~5cm。总状花序，花白色。核果阔椭圆形，紫黑色。

生物学特性：花期5—7月，果期10—11月。性喜光，稍耐阴，耐寒，不耐高温高湿。

生境特征：在三衢山喀斯特地貌中栽植于绿地、溪边、路边等生境。

分布：原产于美国加利福尼亚州。中国于20世纪80年代引种栽培。分布于中国华北南部、华东、华南等地区。

金叶女贞花序（徐正浩摄）

3. 金钟花 *Forsythia viridissima* Lindl.

中文异名：黄金条、细叶连翘、迎春条

分类地位：植物界（Plantae）

被子植物门（Angiosperms）

双子叶植物纲（Dicotyledoneae）

唇形目（Lamiales）

木樨科（Oleaceae）

连翘属（*Forsythia* Vahl）

金钟花（*Forsythia viridissima* Lindl.）

形态学鉴别特征：落叶灌木。丛生，枝直立，拱形下垂。小枝黄绿色，微有四棱状，髓心薄片状。株高可达3m。叶长椭圆形至披针形，或倒卵状长椭圆形，长3.5~15cm，宽1~4cm，先端锐尖，基部楔形，通常上半部具不规则锐锯齿或粗锯齿，稀近全缘。叶面深绿色，叶背淡绿色，两面无毛，中脉和侧脉在叶面凹入，在叶背凸起。叶柄长6~12mm。花1~4朵着生于叶腋，花开放先于叶长出。梗长3~7mm。花萼长3.5~5mm，裂片绿色，卵形、宽卵形或宽长圆形，长2~4mm。花冠深黄色，长1.1~2.5cm，花冠管长5~6mm，裂片狭长圆形至长圆形，长0.6~1.8cm，宽3~8mm，内面基部具橘黄色条纹，反卷。雄蕊2枚，与花冠筒近等长。柱头2裂。果实卵形或宽卵形，长1~1.5cm，宽0.6~1cm，基部稍圆，先端喙状渐尖，具皮孔。果梗长3~7mm。

生物学特性：花期3—4月，果期7—8月。

生境特征：在三衢山喀斯特地貌中栽植于溪边、岩石山地、路边等生境。

分布：产于中国华东、华中、西南等地。

金钟花叶（徐正浩摄）

金钟花的花（徐正浩摄）

金钟花果实（徐正浩摄）

金钟花花期植株（徐正浩摄）

金钟花山地生境植株（徐正浩摄）

金钟花岩石生境居群（徐正浩摄）

4. 木樨 *Osmanthus fragrans* Lour.

中文异名：桂花、岩桂

英文名：sweet osmanthus，sweet olive，tea olive，fragrant olive

分类地位：植物界（Plantae）

被子植物门（Angiosperms）

双子叶植物纲（Dicotyledoneae）

唇形目（Lamiales）

木樨科（Oleaceae）

木樨属（*Osmanthus* Lour.）

木樨（*Osmanthus fragrans* Lour.）

形态学鉴别特征：常绿乔木或灌木。树皮灰褐色。小枝黄褐色，无毛。植株高3~5m。叶革质，椭圆形、长椭圆形或椭圆状披针形，长7~14.5cm，宽2.6~4.5cm，先端渐尖，基部渐狭，呈楔形或宽楔形，全缘或通常上半部具细锯齿。两面无毛，腺点在两面连成小水泡状突起，中脉在叶面凹入，在叶背凸起，侧脉6~8对，多达10对，在叶面凹入，在叶背凸起。叶柄长0.8~1.2cm，最长可达15cm，无毛。聚伞花序簇生于叶腋，或近于帚状，每腋内有花多朵。苞片宽卵形，质厚，长2~4mm，具小尖头，无毛。花梗细弱，长4~10mm，无毛。花极芳香。花萼长0.5~1mm，裂片稍不整齐。花冠黄白色、淡黄色、黄色或橘红色，长3~4mm。花冠管长0.5~1mm。雄蕊着生于花冠管中部。花丝极短，长0.3~0.5mm。花药长0.5~1mm。药隔在花药

木樨叶（徐正浩摄）

木犀花冠（徐正浩摄）

木犀植株（徐正浩摄）

先端稍延伸呈不明显的小尖头。雌蕊长1~1.5mm。花柱长0.3~0.5mm。果实歪斜，椭圆形，长1~1.5cm，熟时呈紫黑色。

生物学特性：花期9月至10月上旬，果期翌年3月。

生境特征：在三衢山喀斯特地貌中栽植于绿地、溪边、岩石山地、路边、山甸等生境。

分布：原产于中国西南部。

5. 丹桂 *Osmanthus fragrans* Lour. cv. Aurantiacus

分类地位：植物界（Plantae）

被子植物门（Angiosperms）

双子叶植物纲（Dicotyledoneae）

唇形目（Lamiales）

木犀科（Oleaceae）

木犀属（*Osmanthus* Lour.）

丹桂（*Osmanthus fragrans* Lour. cv. Aurantiacus）

丹桂枝叶（徐正浩摄）

丹桂叶序（徐正浩摄）

丹桂花（徐正浩摄）

丹桂花期植株（徐正浩摄）

形态学鉴别特征：木樨的栽培变种。与木樨的主要区别在于其花为橙红色。

生物学特性：花期9月至10月上旬，果期翌年3月。

生境特征：在三衢山喀斯特地貌中栽植于绿地、路边等生境。

分布：原产于中国西南部。

6. 金桂 *Osmanthus fragrans* Lour. cv. Thunbergii

分类地位：植物界（Plantae）

被子植物门（Angiosperms）

双子叶植物纲（Dicotyledoneae）

唇形目（Lamiales）

木樨科（Oleaceae）

木樨属（*Osmanthus* Lour.）

金桂（*Osmanthus fragrans* Lour. cv. Thunbergii）

形态学鉴别特征：木樨的栽培变种。与木樨的主要区别在于其花为黄色。

金桂花枝（徐正浩摄）

金桂叶（徐正浩摄）

金桂花冠与雄蕊（徐正浩摄）

金桂花期岩石生境植株（徐正浩摄）

生物学特性：花期9月至10月上旬，果期翌年3月。

生境特征：在三衢山喀斯特地貌中栽植于绿地、路边、岩石山地、山甸等生境。

分布：原产于中国西南部。

7. 银桂 *Osmanthus fragrans* Lour. cv. Latifoliu

分类地位：植物界（Plantae）

被子植物门（Angiosperms）

双子叶植物纲（Dicotyledoneae）

唇形目（Lamiales）

木樨科（Oleaceae）

木樨属（*Osmanthus* Lour.）

银桂（*Osmanthus fragrans* Lour. cv. Latifoliu）

形态学鉴别特征：木樨的栽培变种。与木樨的主要区别在于其花为银白色。

生物学特性：花期9月至10月上旬，果期翌年3月。

银桂枝叶（徐正浩摄）

银桂花（徐正浩摄）

银桂果实（徐正浩摄）

银桂花期植株（徐正浩摄）

生境特征：在三衢山喀斯特地貌中栽植于绿地、路边、岩石山地、山甸等生境。

分布：分布于中国长江流域及以南地区。

8. 野迎春 *Jasminum mesnyi* Hance

中文异名：云南黄馨、云南黄素馨、迎春柳花、金腰带、金梅花、金铃花

英文名：primrose jasmine，Japanese jasmine

分类地位：植物界（Plantae）

被子植物门（Angiosperms）

双子叶植物纲（Dicotyledoneae）

唇形目（Lamiales）

木樨科（Oleaceae）

素馨属（*Jasminum* Linn.）

野迎春（*Jasminum mesnyi* Hance）

形态学鉴别特征：常绿藤状灌木。小枝无毛，四方形，具浅棱。叶对生。小叶3片，长椭

野迎春叶（徐正浩摄）

野迎春花（徐正浩摄）

野迎春花序（徐正浩摄）

野迎春花蕾（徐正浩摄）

野迎春花期植株（徐正浩摄）

野迎春水边景观居群（徐正浩摄）

圆状披针形，顶端1片较大，基部渐狭，呈1个短柄，侧生2片小而无柄。花大，单生于枝下部叶腋。苞片叶状。花梗长5~7mm，无毛。花萼钟状，萼筒长2mm，顶端6~7裂，裂片叶状，狭长卵形，长5mm，先端急尖或渐尖，无毛。花冠黄色，径3~4cm，花冠筒长7~10mm，呈半重瓣，有香气。花瓣较花筒长，裂片椭圆形或长圆形，长1.5~2cm，宽1~1.5cm，先端钝圆，有小尖头。雄蕊2枚，内藏。浆果未见。

野迎春花期路边景观居群（徐正浩摄）

生物学特性：花期3—4月。

生境特征：在三衢山喀斯特地貌中栽植于水边、溪边、岩石山地等生境。

分布：原产于中国西南部。

第19章

茜草科 Rubiaceae

茜草科（Rubiaceae）隶属龙胆目（Gentianales），具611属，含13500余种，为被子植物第四大科。其重要特征为：单叶对生，多数全缘；具叶柄间托叶；管状合瓣花，花冠辐射对称；子房下位。茜草科植物为灌木、乔木、草本或附生植物。叶常全缘，椭圆形，基部楔形，顶端尖。叶序常交叉着生，稀轮生或互生。聚伞花序，稀单花。花序顶生或腋生，或成对生于节。花常两性，为上位花。花被2轮。花萼常4~5片，基部合生，有时缺如。花冠合瓣，4~6个裂片，常辐射对称，管状，白色、奶油色或黄色，稀蓝色或红色。雄蕊4枚或5枚，与花瓣互生或着生于花瓣上。子房下位，稀半上位。中轴胎座，稀侧膜胎座。倒生胚珠至横生，单胚珠。果实为浆果、蒴果、核果或分果。多数果实径1cm。种子富含胚乳。

1. 细叶水团花 *Adina rubella* Hance

中文异名：水杨梅、马烟树

分类地位：植物界（Plantae）

被子植物门（Angiosperms）

双子叶植物纲（Dicotyledoneae）

龙胆目（Gentianales）

茜草科（Rubiaceae）

水团花属（*Adina* Salisb.）

细叶水团花（*Adina rubella* Hance）

细叶水团花的花（徐正浩摄）

形态学鉴别特征：落叶小灌木，高1~3m。小枝延长，具赤褐色微毛，后无毛。顶芽不明显，被开展的托叶包裹。叶对生，近无柄，薄革质，卵状披针形或卵状椭圆形，全缘，长2.5~4cm，宽8~12mm，顶端渐尖或短尖，基部阔楔形或近圆形。侧脉5~7对，被稀疏或稠密短柔毛。托叶小，早落。头状花序不计花冠径4~5mm，单生，顶生或兼有腋生，总花梗略被柔毛。小苞片线形或线状棒形。花萼管疏被短

细叶水团花花期植株（徐正浩摄）

细叶水团花石林山地生境植株（徐正浩摄）

柔毛，萼裂片匙形或匙状棒形。花冠管长2~3mm，5裂，花冠裂片三角状，紫红色。果序径8~12mm，小蒴果长卵状楔形，长3mm。

生物学特性：花、果期5—12月。

生境特征：在三衢山喀斯特地貌中栽植于溪边。

分布：中国华东、华中、华南等地有分布。朝鲜也有分布。

2. 栀子 *Gardenia jasminoides* J. Ellis

中文异名：黄栀子、山栀子、山黄栀

英文名：gardenia，cape jasmine，cape jessamine，jasmin

分类地位：植物界（Plantae）

被子植物门（Angiosperms）

双子叶植物纲（Dicotyledoneae）

龙胆目（Gentianales）

茜草科（Rubiaceae）

栀子属（*Gardenia* J. Ellis）

栀子（*Gardenia jasminoides* J. Ellis）

形态学鉴别特征：灌木。嫩枝常被短毛，枝圆柱形，灰色。植株高0.3~3m。叶对生，稀3片轮生，革质，稀纸质。叶形多样，长圆状披针形、倒卵状长圆形、倒卵形或椭圆形，长3~25cm，宽1.5~8cm，顶端渐尖、骤然长渐尖或短尖而钝，基部楔形或短尖。两面常无毛，叶面亮绿，叶背色较暗。侧脉8~15对，在叶背凸起，在叶面平。叶柄长0.2~1cm。托叶膜质。花芳香，常单朵生于枝顶。花梗长3~5mm。萼管倒圆锥形或卵形，长8~25mm，有纵棱，萼檐管形，膨大，顶部5~8裂，通常6裂，裂片披针形或线状披针形，长10~30mm，宽1~4mm，结果时增长，宿存。花冠白色或乳黄色，高脚碟状，喉部有疏柔毛，冠管狭圆筒形，长3~5cm，宽4~6mm，顶部5~8裂，常6裂，裂片广展，倒卵形或倒卵状长圆形，长1.5~4cm，宽0.6~2.8cm。花丝极短。花药线形，

栀子叶（徐正浩摄）

栀子花（徐正浩摄）

栀子植株（徐正浩摄）

长1.5~2.2cm，伸出。花柱粗厚，长3.5~4.5cm。柱头纺锤形，伸出，长1~1.5cm，宽3~7mm。子房径2~3mm，黄色，平滑。果实卵形、近球形、椭圆形或长圆形，黄色或橙红色，长1.5~7cm，径1.2~2cm，有翅状纵棱5~9条，顶部的宿存萼片长达4cm，宽达6mm。种子多数，扁，近圆形而稍有棱角，长3~3.5mm，宽2~3mm。

生物学特性：花期3—7月，果期5月至翌年2月。

生境特征：在三衢山喀斯特地貌中栽植于绿地、路边等生境。

分布：中国华东、华中、华南、西南等地有分布。日本、朝鲜、越南、老挝、柬埔寨、缅甸、印度、尼泊尔、巴基斯坦、太平洋岛屿和美洲北部等地也有分布。

3. 金边六月雪 *Serissa japonica* ‘Aureo-marginata’

英文名：snowrose, tree of a thousand stars, Japanese boxthorn

分类地位：植物界（Plantae）

被子植物门（Angiosperms）

双子叶植物纲（Dicotyledoneae）

龙胆目（Gentianales）

茜草科（Rubiaceae）

白马骨属（*Serissa* Comm. ex A. L. Jussieu）

金边六月雪（*Serissa japonica*‘Aureo-marginata’）

形态学鉴别特征：六月雪的栽培变种。与六月雪（*Serissa japonica*（Thunb.）Thunb.）的

金边六月雪枝叶（徐正浩摄）

金边六月雪花（徐正浩摄）

主要区别在于叶缘黄色或淡黄色。

生物学特性：花期5—7月。

生境特征：在三衢山喀斯特地貌中栽植于绿地、路边等生境。

分布：中国江苏、安徽、江西、浙江、福建、广东、香港、广西、四川、云南有分布。日本、越南也有分布。

金边六月雪花期植株（徐正浩摄）

第20章

忍冬科 Caprifoliaceae

忍冬科（Caprifoliaceae）隶属川续断目（Dipsacales），具42属，含860种。常绿或落叶灌木和藤本，稀草本。绝大多数叶对生，无托叶。花冠漏斗状或钟状，花瓣5片，外延，常芬芳。花萼小，具小苞片。果实多为浆果或坚果。黄锦带属（*Diervilla* Mill.）和锦带花属（*Weigela* Thunb.）为蒴果，而七子花属（*Heptacodium* Rehder）为瘦果。

1. 大花六道木 *Linnaea × grandiflora* (Rovelli ex André) Christenh.

拉丁文异名：*Abelia* × *grandiflora* Hort. ex Bailey

英文名：glossy abelia

分类地位：植物界（Plantae）

被子植物门（Angiosperms）

双子叶植物纲（Dicotyledoneae）

川续断目（Dipsacales）

忍冬科（Caprifoliaceae）

北极花属（*Linnaea*（Rovelli ex André）Christenh.）

大花六道木（*Linnaea* × *grandiflora*（Rovelli ex André）Christenh.）

形态学鉴别特征：由糯米条（*Linnaea* chinensis（R. Br.）A.Braun ex Vatke）与二翅六道木（*Linnaea uniflora* (R. Br.) A. Br. ex Vatke）杂交育成。常绿矮生灌木。主要形态特征为叶金黄色，

大花六道木茎叶（徐正浩摄）

大花六道木叶序（徐正浩摄）

大花六道木花（徐正浩摄）

略带绿心，花粉白色。植株高1~1.5m，枝伸展，分叉，幼枝红褐色，被短柔毛。叶纸质，倒卵形，长2~6cm，宽1~2cm，先端渐尖，基部宽楔形或圆形，边缘具锯齿，叶面脉纹明显，光亮，叶柄长1.5~3cm。花簇生于花枝上部叶腋或顶端，总花梗长4~10mm，花梗长2~4mm。萼片4裂，裂片椭圆状披针形，长0.8~1.2cm。冠筒钟状，白色，带粉红色，长1.5~2cm，5裂，裂片卵状披针形或卵状长圆形，长3~5mm，宽2~3.5mm。雄蕊4 枚，伸出冠外。花柱细长，长于雄蕊。

生物学特性：花期5—10月。

生境特征：在三衢山喀斯特地貌中栽植于绿地、路边、岩石山地等生境。

分布：中国华东、西南及华北有分布。

第21章

禾本科 Poaceae

禾本科（Poaceae）隶属禾木目（Poales），具771属，含12000余种，是单子叶植物第二大科，被子植物第五大科。有12个亚科，包括3个小亚科，即柊叶竺亚科（Anomochlooideae）（具2族，2属，4种）、服叶竺亚科（Pharoideae）（具1族，2属，13种）和姜叶竺亚科（Puelieae）（具2族，2属，11种），以及构成BOP分支的3个亚科，即竹亚科（Bambusoideae）（具3族，115属，1450种）、稻亚科（Oryzoideae）（具4族，20属，120种）和早熟禾亚科（Pooideae）（具14族，200余属，4200余种），以及构成PACMAD分支的6个亚科，即黍亚科（Panicoideae）（具12族，3500余种）、三芒草亚科（Aristidoideae）（具1族，300余种）、虎尾草亚科（Chloridoideae）（具5族，130属，1600余种）、百生草亚科（Micrairoideae）（具4族，9属，190种）、芦竹亚科（Arundinoideae）（具2族，16属，40余种）和扁芒草亚科（Danthonioideae）（具1族，20属，其中3属未定，300余种）。

禾本科植物为草本或木本（主要指竹类和一些高大禾草）。绝大多数为须根系。直立或匍匐，稀藤状，基部常具分蘖，具节、节间。单叶互生，具叶鞘、叶舌、叶片。风媒花为主，常无柄，在小穗轴上交互排列为2行，形成小穗，组成复合花序。小穗轴为短缩的花序轴，其节处生有苞片和先出叶，若其最下方数节只生有苞片而无他物，苞片称颖。在上方的各节有苞片和位于近轴的先出叶，苞片称外稃，先出叶称内稃。两性小花具外稃、内稃、鳞被，雄蕊1~6枚，雌蕊1枚。果实常为颖果，其果皮质薄而与种皮愈合，一般连同包裹它的稃片合称为谷粒。种子常含有丰富淀粉质胚乳及1个小胚体，具种脐和腹沟。

1. 白哺鸡竹 *Phyllostachys dulcis* McClure

分类地位：植物界（Plantae）
　　被子植物门（Angiosperms）
　　　单子叶植物纲（Monocotyledoneae）
　　　　鸭跖草分支（Commelinids）
　　　　　禾木目（Poales）
　　　　　　禾本科（Poaceae）
　　　　　　　竹亚科（Bambusoideae）
　　　　　　　　刚竹属（*Phyllostachys* Sieb. et Zucc.）
　　　　　　　　　白哺鸡竹（*Phyllostachys dulcis* McClure）

白哺鸡竹竿（徐正浩摄）

白哺鸡竹笋（徐正浩摄）

白哺鸡竹枝叶（徐正浩摄）

白哺鸡竹岩石生境植株（徐正浩摄）

形态学鉴别特征：竿高6~10m，径4~6cm，幼竿被少量白粉，老竿灰绿色，常有淡黄色或橙红色的隐细条纹和斑块，最长节间达25cm。竿环隆起，高于箨环。箨鞘质薄，背面淡黄色或乳白色，微带绿色或上部略带紫红色，有时有紫色纵脉纹，有稀疏的褐色至淡褐色小斑点和向下的刺毛，边缘绿褐色。箨耳卵状，绿色或绿带紫色。箨舌拱形，淡紫褐色。箨片带状，皱曲，外翻，紫绿色，边缘淡绿黄色。末级小枝具2片或3片叶。叶耳易脱落。叶舌显著伸出。叶长披针形，长9~14cm，宽1.5~2.5cm，叶背被毛，基部毛密。

生物学特性：笋期4月下旬。

生境特征：在三衢山喀斯特地貌中栽植于岩石山地、路边、乔灌木丛等生境。

分布：中国江苏、浙江有分布。

2. 乌哺鸡竹 *Phyllostachys vivax* McClure

分类地位：植物界（Plantae）

被子植物门（Angiosperms）

单子叶植物纲（Monocotyledoneae）

鸭跖草分支（Commelinids）

莎草目（Poales）

禾本科（Poaceae）

竹亚科（Bambusoideae）

刚竹属（*Phyllostachys* Sieb. et Zucc.）

乌哺鸡竹（*Phyllostachys vivax* McClure）

形态学鉴别特征：竿高5~15m，径4~8cm，梢部下垂，微呈拱形，幼竿被白粉，无毛，老竿灰绿色至淡黄绿色，有显著的纵肋，节间长25~35cm。竿环隆起，稍高于箨环，常在一侧突出，其节多少不对称。箨鞘背面淡黄绿色带紫色至淡褐黄色，无毛，微被白粉。箨耳缺。箨舌弧形隆起，淡棕色至棕色。箨片带状披针形，皱曲，外翻，背面绿色，腹面褐紫色，边缘颜色

乌哺鸡竹笋与竿（徐正浩摄）

乌哺鸡竹枝叶（徐正浩摄）

乌哺鸡竹上部植株（徐正浩摄）

乌哺鸡竹生境植株（徐正浩摄）

较淡以至淡橘黄色。末级小枝具2片或3片叶，具叶耳。叶舌发达，高达3mm。叶微下垂，带状披针形或披针形，长9~18cm，宽1.2~2cm。

生物学特性：笋期4月中下旬。

生境特征：在三衢山喀斯特地貌中栽植于路边、岩石山地等生境。

分布：中国江苏、浙江有分布。

3. 凤尾竹 *Bambusa multiplex* (Lour.) Raeusch. ex Schult. 'Fernleaf' R. A. Young

分类地位：植物界（Plantae）

被子植物门（Angiosperms）

单子叶植物纲（Monocotyledoneae）

鸭跖草分支（Commelinids）

莎草目（Poales）

禾本科（Poaceae）

竹亚科（Bambusoideae）

簕竹属（*Bambusa* Retz. corr. Schreber）

凤尾竹（*Bambusa multiplex*（Lour.）Raeusch. ex Schult. 'Fernleaf' R. A. Young）

形态学鉴别特征：孝顺竹的栽培变种。主要区别在于凤尾竹植株相对较矮，竿较细，每小枝叶片数少。竿高3~6m，中空，径0.5~1cm。小枝具9~13片叶，稍下弯。叶片长3.3~6.5cm，宽4~7mm。

生物学特性：笋期4—5月。

生境特征：在三衢山喀斯特地貌中栽植于路边、岩石山地等生境。

分布：原产于中国。中国东南至西南有分布。

凤尾竹叶（徐正浩摄）

凤尾竹植株（徐正浩摄）

4. 尖头青竹 *Phyllostachys acuta* C. D. Chu et C. S. Chao

中文异名：尖头青

分类地位：植物界（Plantae）

被子植物门（Angiosperms）

单子叶植物纲（Monocotyledoneae）

鸭跖草分支（Commelinids）

莎草目（Poales）

禾本科（Poaceae）

竹亚科（Bambusoideae）

刚竹属（*Phyllostachys* Sieb. et Zucc.）

尖头青竹（*Phyllostachys acuta* C. D. Chu et C. S. Chao）

形态学鉴别特征：竿高8m，径4~6cm，幼竿无明显白粉，深绿色，节处带紫色，老竿绿色或黄绿色，节间微向中部收缩，最长节间长25cm。竿环较隆起，高于箨环。箨鞘背面绿色或绿色带褐色，有紫褐色斑点。箨耳缺。箨舌中部隆起，两侧多少下延。箨片带状，平直或波状，外翻，绿色具黄色边缘。末级小枝具3~5片叶。叶耳半圆形。叶舌明显伸出。叶带状披针形或披针形，长9~17cm，宽1~2.2cm，叶背被短柔毛，沿中脉的毛较密。

生物学特性：笋期4月。

尖头青竹竿枝（徐正浩摄）

尖头青竹笋（徐正浩摄）

生境特征：在三衢山喀斯特地貌中栽植于岩石山地等生境。

分布：中国江苏宜兴、浙江杭州有分布。

尖头青竹枝叶（徐正浩摄）

5. 箬竹 *Indocalamus tessellatus* (Munro) Keng f.

中文异名：箣竹

英文名：large-leaved bamboo

分类地位：植物界（Plantae）

被子植物门（Angiosperms）

单子叶植物纲（Monocotyledoneae）

鸭跖草分支（Commelinids）

莎草目（Poales）

禾本科（Poaceae）

竹亚科（Bambusoideae）

箬竹属（*Indocalamus* Nakai）

箬竹（*Indocalamus tessellatus*（Munro）Keng f.）

形态学鉴别特征：竿高0.75~2m，径4~7.5mm，节间长20~25cm，圆筒形，绿色。节平坦。

箬竹叶（徐正浩摄）

箬竹植株（徐正浩摄）

箬竹山地生境植株（徐正浩摄）

竿环较箨环略隆起。箨鞘长于节间，上部松抱竿，下部紧抱竿。箨耳无。箨舌厚膜质，截形，高1~2mm。小枝具2~4片叶。叶鞘紧抱竿，有纵肋。叶耳缺。叶舌高1~4mm，截形。叶宽披针形或长圆状披针形，长20~46cm，宽4~10.8cm，先端长尖，基部楔形，叶背灰绿色，次脉8~16对，小横脉明显，形成方格状，叶缘生有细锯齿。

生物学特性：笋期4—5月。

生境特征：在三衢山喀斯特地貌中栽植于路边、岩石山地等生境。

分布：中国浙江西天目山、衢州和湖南阳明山有分布。

6. 紫竹　*Phyllostachys nigra* (Lodd. ex Lindl.) Munro

中文异名：黑竹、墨竹、乌竹

英文名：black bamboo

分类地位：植物界（Plantae）

被子植物门（Angiosperms）

单子叶植物纲（Monocotyledoneae）

鸭跖草分支（Commelinids）

莎草目（Poales）

禾本科（Poaceae）

竹亚科（Bambusoideae）

刚竹属（*Phyllostachys* Sieb. et Zucc.）

紫竹（*Phyllostachys nigra*（Lodd. ex Lindl.）Munro）

紫竹枝叶（徐正浩摄）

形态学鉴别特征：竿高4~8m，径达5cm，幼竿绿色，一年后竿逐渐出现紫斑，再变全紫黑色，中部节间长25~30cm，竿环与箨环均隆起。箨鞘背面红褐或带绿色，箨耳长圆形至镰形，紫黑色，箨舌拱形至尖拱形，紫色，箨片三角形至三角状披针形，绿色，脉为紫色，舟状。末级小枝具2~3片叶，叶耳不显，叶舌稍伸出。叶片质薄，长7~10cm，宽1~1.2cm。花枝短穗状，长3.5~5cm。佛焰苞4~6片。小穗披针形，

紫竹笋（徐正浩摄）

紫竹植株（徐正浩摄）

长1.5~2cm，具2~3朵小花。颖1~3片。外稃密生柔毛，长1.2~1.5cm。内稃短于外稃。花药长6~8mm。柱头3个，羽毛状。

生物学特性：笋期4月下旬。

生境特征：在三衢山喀斯特地貌中栽植于路边、岩石山地等生境。

分布：原产于中国。中国华东、华中及陕西等地有分布。

紫竹居群（徐正浩摄）

第22章

杜鹃花科 Ericaceae

杜鹃花科(Ericaceae)隶属杜鹃花目(Ericales)，具124属，4250余种。杜鹃花科植物为草本、灌木或乔木。单叶互生或轮生，无托叶。花两性，形态多变。花瓣合生，呈狭管状至漏斗状或坛状。花冠常辐射对称，坛状，而杜鹃属（*Rhododendron* Linn.）的花冠两侧对称。花药顶孔开裂。

1. 白花杜鹃 *Rhododendron mucronatum* (Blume) G. Don

中文异名：白杜鹃、尖叶杜鹃

分类地位：植物界（Plantae）

被子植物门（Angiosperms）

双子叶植物纲（Dicotyledoneae）

杜鹃花目（Ericales）

杜鹃花科（Ericaceae）

杜鹃属（*Rhododendron* Linn.）

白花杜鹃（*Rhododendron mucronatum*（Blume）G. Don）

形态学鉴别特征：半常绿灌木。高1~3m。幼枝开展，分枝多，密被灰褐色开展的长柔毛，混生少数腺毛。叶纸质，披针形至卵状披针形或长圆状披针形，长2~6cm，宽0.5~1.8cm，先端钝尖至圆形，基部楔形，叶面深绿色，疏被灰褐色贴生长糙伏毛，混生短腺毛，中脉、侧脉及

白花杜鹃花（徐正浩摄）

白花杜鹃花期植株（徐正浩摄）

细脉在叶面凹陷，在叶背凸出或明显可见，叶柄长2~4mm。伞形花序顶生，具花1~3朵。花梗长达1.5cm。花萼绿色，裂片5片，披针形，密被腺状短柔毛。花冠白色，有时淡红色，阔漏斗形，长3~4.5cm，5深裂。雄蕊10枚，不等长。子房卵球形，5室，长3~4mm，径1~2mm，密被刚毛状糙伏毛和腺毛，花柱伸出花冠外。蒴果圆锥状卵球形，长0.7~1cm。

生物学特性：花期3—5月，果期8—9月。

生境特征：在三衢山喀斯特地貌中栽植于绿地、溪边、路边等生境。

分布：中国华东、华南、西南等地有分布。

2. 锦绣杜鹃 *Rhododendron pulchrum* Sweet

中文异名：毛鹃、毛杜鹃、春鹃

分类地位：植物界（Plantae）

被子植物门（Angiosperms）

双子叶植物纲（Dicotyledoneae）

杜鹃花目（Ericales）

杜鹃花科（Ericaceae）

杜鹃属（*Rhododendron* Linn.）

锦绣杜鹃（*Rhododendron pulchrum* Sweet）

形态学鉴别特征：半常绿灌木。高1.5~2.5m。枝开展，淡灰褐色，被淡棕色糙伏毛。叶薄革质，椭圆状长圆形至椭圆状披针形或长圆状倒披针形，长2~7cm，宽1~2.5cm，先端钝尖，基部楔形，边缘反卷，全缘，叶面深绿色，初时散生淡黄褐色糙伏毛，后近于无毛，叶背淡绿色，被微柔毛和糙伏毛，中脉和侧脉在叶面下凹，在叶背显著凸出，叶柄长3~6mm。花芽卵球形，鳞片外面沿中部具淡黄褐色毛。伞形花序顶生，有花1~5朵。花梗长0.8~1.5cm，密被淡黄褐色长柔毛。花萼大，绿色，5深裂，裂片披针形，长1~1.2cm，被糙伏毛。花冠玫瑰紫色，阔漏斗形，长4.8~5.2cm，径5~6cm，裂片5片，阔卵形，长3~3.5cm，具深红色斑点。雄蕊10枚，

锦绣杜鹃花（徐正浩摄）

锦绣杜鹃花期植株（徐正浩摄）

锦绣杜鹃山地生境植株（徐正浩摄）

锦绣杜鹃花境植株（徐正浩摄）

近等长，长3.5~4cm，花丝线形。子房卵球形，长2~3mm，径1~2mm，密被黄褐色刚毛状糙伏毛，花柱长4~5cm。蒴果长圆状卵球形，长0.8~1cm，被刚毛状糙伏毛，花萼宿存。

生物学特性：花期4—5月，果期9—10月。

生境特征：在三衢山喀斯特地貌中栽植于绿地、路边、岩石山地等生境。

分布：中国华东、华中、华南等地有分布。

第23章

夹竹桃科 Apocynaceae

根据APGⅢ分类系统，夹竹桃科（Apocynaceae）隶属龙胆目（Gentianales），具366属，含5100余种。有5个亚科，即夹竹桃亚科（Apocynoideae）、萝藦亚科（Asclepiadoideae）、杠柳亚科（Periplocoideae）、萝芙木亚科（Rauvolfioideae）和鲫鱼藤亚科（Secamonoideae）。

夹竹桃科植物分布于热带、亚热带地区，少数在温带地区。以往植物学分类中的萝藦科（Asclepiadaceae），在APG分类系统中为夹竹桃科的亚科，即萝藦亚科，含348属。多数种为乔木，生长于热带森林，但一些种则生长于干旱环境。多年生草本常分布于温带地区，多数具乳汁。

1. 欧洲夹竹桃 *Nerium oleander* Linn.

中文异名：红花夹竹桃

英文名：oleander

分类地位：植物界（Plantae）

被子植物门（Angiosperms）

双子叶植物纲（Dicotyledoneae）

龙胆目（Gentianales）

夹竹桃科（Apocynaceae）

夹竹桃属（*Nerium* Linn.）

欧洲夹竹桃（*Nerium oleander* Linn.）

形态学鉴别特征：常绿直立大灌木。高达5m。枝条灰绿色，嫩枝具棱，被微毛，老时毛脱落。叶3~4片轮生，下枝为对生，窄披针形，顶端急尖，基部楔形，叶缘反卷，长11~15cm，宽2~2.5cm，叶面深绿色，叶背浅绿色，有多数洼点，中脉在叶面凹入，在叶背凸起，侧脉在两面扁平，纤细，密生，平行，达叶缘，柄扁平，基部稍宽，长5~8mm。聚伞花序顶生，着生花数朵。总花梗长2~3cm。花梗长7~10mm。苞片披针形，长5~7mm，宽1~1.5mm。花萼5深裂，红色，披针形，长3~4mm，宽1.5~2mm。花冠深红色或粉红色。雄蕊着生于花冠筒中部以上，花丝短，花药箭头状，内藏，与柱头连生，药隔延长成丝状。无花盘。心皮2个，离生，花柱丝状，长7~8mm，柱头近圆球形，顶端凸尖，每心皮有胚珠多颗。蓇葖果2个，离生，平行或并连，长圆形，两端较窄，长10~25cm，径6~10mm。种子长圆形，基部较窄，顶端钝，

欧洲夹竹桃花枝（徐正浩摄）

褐色。

生物学特性：花芳香。花期几乎全年，夏秋为最盛。果期冬春季，栽培很少结果。

生境特征：在三衢山喀斯特地貌中栽植于溪边、路边等生境。

分布：原产于印度和伊朗。

2. 白花夹竹桃 *Nerium oleander* 'Paihua'

分类地位：植物界（Plantae）

被子植物门（Angiosperms）

双子叶植物纲（Dicotyledoneae）

龙胆目（Gentianales）

夹竹桃科（Apocynaceae）

夹竹桃属（*Nerium* Linn.）

白花夹竹桃（*Nerium oleander* 'Paihua'）

形态学鉴别特征：夹竹桃的栽培变种。与夹竹桃的主要区别在于其花为白色。

生物学特性：花期几乎全年，夏秋为最盛。果期一般在冬春季，栽培很少结果。

生境特征：在三衢山喀斯特地貌中栽植于溪边、路边等生境。

分布：中国南北各地均有分布，以云南、广东、广西、河北等地多见。

白花夹竹桃花（徐正浩摄）

白花夹竹桃花序（徐正浩摄）

3. 蔓长春花 *Vinca major* Linn.

中文异名：攀缠长春花

英文名：bigleaf periwinkle，large periwinkle，greater periwinkle，blue periwinkle

分类地位：植物界（Plantae）

被子植物门（Angiosperms）

双子叶植物纲（Dicotyledoneae）

龙胆目（Gentianales）

夹竹桃科（Apocynaceae）

蔓长春花属（*Vinca* Linn.）

蔓长春花（*Vinca major* Linn.）

形态学鉴别特征：蔓性半灌木。茎偃卧，花茎直立。叶椭圆形，长2~6cm，宽1.5~4cm，先端急尖，基部下延，侧脉4~5对，叶柄长0.7~1cm。花单朵腋生。花梗长4~5cm。花萼裂片狭披针形，长7~9mm。花冠蓝色，花冠筒漏斗状，花冠裂片倒卵形，长10~12mm，宽5~7mm，先端圆形。雄蕊着生于花冠筒中部之下，花丝短而扁平，花药的顶端有毛。子房由2个心皮所组成。蓇葖果双生，直立，长4~5cm。

生物学特性：花期3—5月。

生境特征：在三衢山喀斯特地貌中栽植于绿地等生境。

分布：原产于欧洲。

蔓长春花的花（徐正浩摄）

蔓长春花花境植株（徐正浩摄）

第24章

冬青科 Aquifoliaceae

在克朗奎斯特植物分类系统中，冬青科（Aquifoliaceae）归入卫矛目（Celastrales），APG Ⅱ植物分类系统将冬青科归入冬青目（Aquifoliales）。冬青科具1属，即冬青属（*Ilex* Linn.），含480种。冬青科植物为常绿或落叶乔木、灌木或攀缘植物，世界广布，热带至温带均有分布。树枝光滑，无毛或具柔毛。生长慢，高达25m。单叶互生，叶片具光泽，边缘常具刺。花不显，绿白色，花瓣4片。雌雄异株。浆果状核果，果小，红色至棕色至黑色，稀绿色或黄色，种子多达10粒。

1. 大叶冬青 *Ilex latifolia* Thunb.

中文异名：苦丁茶

英文名：tarajo holly，tarajo

分类地位：植物界（Plantae）

被子植物门（Angiosperms）

双子叶植物纲（Dicotyledoneae）

冬青目（Aquifoliales）

冬青科（Aquifoliaceae）

冬青属（*Ilex* Linn.）

大叶冬青（*Ilex latifolia* Thunb.）

大叶冬青茎叶（徐正浩摄）

大叶冬青花枝（徐正浩摄）

大叶冬青花（徐正浩摄）

大叶冬青花瓣与雄蕊（徐正浩摄）

大叶冬青果实（徐正浩摄）

大叶冬青花期植株（徐正浩摄）

形态学鉴别特征：常绿大乔木。高达20m，胸径60cm。树皮灰黑色，分枝粗壮，具纵棱及槽，黄褐色或褐色。叶生于一年生至三年生枝上，厚革质，长圆形或卵状长圆形，长8~20cm，宽4~9cm，先端钝或短渐尖，基部圆形或阔楔形，边缘具疏锯齿，中脉在叶面凹陷，在叶背隆起，侧脉每边12~17条，叶柄长1.5~2.5cm。由聚伞花序组成的假圆锥花序生于二年生枝的叶腋内，无总梗，主轴长1~2cm。花淡黄绿色，4基数。雄花假圆锥花序的每个分枝具3~9朵花，呈聚伞花序状，苞片卵形或披针形，长5~7mm，宽3~5mm，花梗长6~8mm，花萼近杯状，径3~3.5mm，4浅裂，花冠辐状，径7~9mm，花瓣卵状长圆形，长3~3.5mm，宽2~2.5mm，基部合生，雄蕊与花瓣等长，花药卵状长圆形，不育子房近球形，柱头稍4裂。雌花序的每个分枝具1~3朵花，总花梗长1~2mm，花萼盘状，径2~3mm，花冠直立，径3~5mm，花瓣4片，退化雄蕊长为花瓣的1/3，败育花药小，卵形，子房卵球形，柱头盘状，4裂。果球形，径5~7mm，

大叶冬青花期生境植株（徐正浩摄）

成熟时红色，宿存柱头薄盘状。分核4个，轮廓长圆状椭圆形，长3~5mm，宽2~2.5mm。

生物学特性：花期4—5月，果期8—10月。

生境特征：在三衢山喀斯特地貌中栽植于绿地、路边、岩石山地、山甸等生境。

分布：中国华东、华中、西南等地有分布。日本也有分布。

2. 枸骨 *Ilex cornuta* Lindl. et Paxt.

中文异名：枸骨冬青

英文名：horned holly

分类地位：植物界（Plantae）

被子植物门（Angiosperms）

双子叶植物纲（Dicotyledoneae）

冬青目（Aquifoliales）

冬青科（Aquifoliaceae）

冬青属（*Ilex* Linn.）

枸骨（*Ilex cornuta* Lindl. et Paxt.）

枸骨枝叶（徐正浩摄）

形态学鉴别特征：常绿灌木或小乔木。高0.6~3m。幼枝具纵脊及沟，沟内被微柔毛或变无毛，二年生枝褐色，三年生枝灰白色，具纵裂缝及隆起的叶痕，无皮孔。叶片厚革质，2型，四角状长圆形或卵形，长4~9cm，宽2~4cm，先端具3个尖硬刺齿，中央刺齿常反曲，基部圆形或近截形，两侧各具1~2个刺齿，叶面深绿色，具光泽，叶背淡绿色，侧脉5对或6对，叶柄长4~8mm。花序簇生于二年生枝的叶腋内，苞片

枸骨叶（徐正浩摄）

枸骨岩石生境植株（徐正浩摄）

卵形，先端钝或具短尖头，花淡黄色，4基数。雄花的花梗长5~6mm，花萼盘状，径2~2.5mm，花冠辐状，径5~7mm，花瓣长圆状卵形，长3~4mm，反折，基部合生，雄蕊与花瓣近等长或比花瓣稍长，花药长圆状卵形，长0.5~1mm，退化子房近球形，先端钝或圆形。雌花的花梗长8~9mm，在果期长13~14mm，花萼与花瓣似雄花，退化雄蕊长为花瓣的4/5，略长于子房，子房长圆状卵球形，长3~4mm，径1.5~2mm，柱头盘状，4浅裂。果球形，径8~10mm，熟时鲜红色。分核4个，轮廓倒卵形或椭圆形，长7~8mm，背部宽4~5mm。

生物学特性：花期4—5月，果期9—11月。

生境特征：在三衢山喀斯特地貌中栽植于绿地、溪边、路边、岩石山地等生境。

分布：中国华中、华东等地有分布。朝鲜、韩国也有分布。

3. 无刺枸骨 *Ilex cornuta* Lindl. var. *fortunei* S. Y. Hu

分类地位：植物界（Plantae）

被子植物门（Angiosperms）

双子叶植物纲（Dicotyledoneae）

冬青目（Aquifoliales）

冬青科（Aquifoliaceae）

冬青属（*Ilex* Linn.）

无刺枸骨（*Ilex cornuta* Lindl. var. *fortunei* S. Y. Hu）

形态学鉴别特征：主干不明显，基部以上开叉分枝。叶硬革质，互生，椭圆形或卵形，长2~4cm，宽1.5~3cm，全缘，先端聚尖，叶面绿色，具光泽。伞形花序，花黄白色。果近球形，径0.6~0.8cm，熟时红色。

生物学特性：花期5—6月，果期8—11月。

生境特征：在三衢山喀斯特地貌中栽植于绿地、路边、岩石山地等生境。

分布：中国华南、华中、华东等地有分布。朝鲜、韩国也有分布。

无刺枸骨叶（徐正浩摄）

无刺枸骨果期植株（徐正浩摄）

4. 龟背冬青 *Ilex crenata* Thunb. cv. *convexa* Makino

中文异名：龟甲冬青、豆瓣冬青

英文名：Japanese holly

分类地位：植物界（Plantae）

被子植物门（Angiosperms）

双子叶植物纲（Dicotyledoneae）

冬青目（Aquifoliales）

冬青科（Aquifoliaceae）

冬青属（*Ilex* Linn.）

龟背冬青（*Ilex crenata* Thunb. cv. *convexa* Makino）

形态学鉴别特征：钝齿冬青（*Ilex crenata* Thunb.）的栽培变种。常绿小灌木。多分枝。叶小，密，叶面拱起，椭圆形至长倒卵形，长1~3cm，宽4~12mm，先端圆钝，基部楔形，边缘具圆齿，侧脉3~5对，网脉不显，叶柄长2~3mm。雄花1~7朵组成聚伞花序，花4基数，花瓣白色。雌花单生，或2~3朵组成聚伞花序。果球形，径6~8mm，熟后黑色。分核4个，长4~5mm。

生物学特性：花期4—5月，果期9—11月。

生境特征：在三衢山喀斯特地貌中栽植于绿地、路边等生境。

分布：中国长江下游至华南、华东、华北部分地区有分布。

龟背冬青枝叶（徐正浩摄）

龟背冬青植株（徐正浩摄）

第25章

卫矛科 Celastraceae

卫矛科(Celastraceae)隶属卫矛目（Celastrales），具96属，1350种，主要分布于热带地区，仅南蛇藤属（*Celastrus* Linn.）和美登木属（*Maytenu* Molina）广泛分布于温带地区。

卫矛科植物为草本、藤本、灌木或乔木。单叶，常对生或互生。托叶细小，早落或无。花两性或退化为功能性不育的单性花，杂性同株，较少异株。聚伞花序。萼片4~5片，花瓣4~5片，常分离。心皮常2~5片，合生。倒生胚珠。多为蒴果。种子常具假种皮。胚乳肉质丰富。

1. 冬青卫矛 *Euonymus japonicus* Thunb.

中文异名：大叶黄杨

英文名：evergreen spindle，Japanese spindle

分类地位：植物界（Plantae）

被子植物门（Angiosperms）

双子叶植物纲（Dicotyledoneae）

卫矛目（Celastrales）

卫矛科（Celastraceae）

卫矛属（*Euonymus* Linn.）

冬青卫矛（*Euonymus japonicus* Thunb.）

形态学鉴别特征：灌木。高达3m。小枝有4条棱，具细微皱突。叶革质，倒卵形或椭圆

冬青卫矛果期植株（徐正浩摄）

冬青卫矛居群（徐正浩摄）

形，长3~5cm，宽2~3cm，先端圆阔或急尖，基部楔形，边缘具浅细钝齿，叶柄长0.8~1cm。聚伞花序具5~12朵花，花序梗长2~5cm，2~3次分枝，小花梗长3~5mm，花白绿色，径5~7mm，花瓣近卵圆形，长、宽各1~2mm，雄蕊花药长圆状，花丝长2~4mm，子房每室2颗胚珠。蒴果近球状，径6~8mm，淡红色。种子每室1粒，椭圆状，长5~6mm，径3~4mm，假种皮橘红色。

生物学特性：花期6—7月，果熟期9—10月。

生境特征：在三衢山喀斯特地貌中栽植于绿地、路边等生境。

分布：中国西北、华北、长江流域及其以南地区有分布。日本也有分布。

2. 金边冬青卫矛 *Euonymus japonicus* 'Aureo-marginata'

分类地位：植物界（Plantae）

被子植物门（Angiosperms）

双子叶植物纲（Dicotyledoneae）

卫矛目（Celastrales）

卫矛科（Celastraceae）

卫矛属（*Euonymus* Linn.）

金边冬青卫矛（*Euonymus japonicus* 'Aureo-marginata'）

形态学鉴别特征：冬青卫矛的栽培变种。常绿灌木或小乔木。与原变种的主要区别是叶缘金黄色。

生物学特性：花期5—6月，果期9—10月。

生境特征：在三衢山喀斯特地貌中栽植于绿地、溪边、路边等生境。

分布：温带、亚热带地区有分布。

金边冬青卫矛新叶（徐正浩摄）

金边冬青卫矛居群（徐正浩摄）

3. 扶芳藤 *Euonymus fortunei* (Turcz.) Hand.-Mazz.

英文名：spindle，Fortune's spindle，winter creeper，wintercreeper

分类地位：植物界（Plantae）

被子植物门（Angiosperms）

双子叶植物纲（Dicotyledoneae）

卫矛目（Celastrales）

卫矛科（Celastraceae）

卫矛属（*Euonymus* Linn.）

扶芳藤（*Euonymus fortunei*（Turcz.）Hand.-Mazz.）

形态学鉴别特征：常绿藤本灌木。高1~2.5m。小枝略具方棱。叶薄革质，椭圆形、长方椭圆形或长倒卵形，宽窄变异较大，可窄至近披针形，长3.5~8cm，宽1.5~4cm，先端钝或急尖，基部楔形，边缘齿浅不明显，侧脉细微，小脉不明显，叶柄长3~6mm。聚伞花序3~4次分枝，花序梗长1.5~3cm。小聚伞花密集，花4~7朵，分枝中央单花，小花梗长3~5mm，花白绿色，4基数，径5~6mm，花丝细长，长2~3mm，花药圆心形，子房三角锥状，具4条棱，花柱

扶芳藤茎叶（徐正浩摄）

扶芳藤嫩枝（徐正浩摄）

扶芳藤叶（徐正浩摄）

扶芳藤攀缘植株（徐正浩摄）

长0.5~1mm。蒴果粉红色，近球状，径6~12mm。种子矩状椭圆形，棕褐色，假种皮鲜红色。

生物学特性：花期6月，果期10月。

生境特征：在三衢山喀斯特地貌中栽植于绿地、路边、岩石山地、林下等生境。

分布：中国大部分地区有分布。亚洲其他国家、非洲、欧洲、美洲和大洋洲也有分布。

第26章

五福花科 Adoxaceae

五福花科（Adoxaceae）隶属川续断目（Dipsacales），具5属，含150~200种。五福花科植物常为灌木或草本植物，其重要特征为：叶对生，具锯齿；花瓣5片，稀4片，呈聚伞花序；果实为核果。

1. 粉团 *Viburnum plicatum* Thunb.

中文异名：雪球荚蒾

英文名：Japanese snowball

分类地位：植物界（Plantae）

被子植物门（Angiosperms）

双子叶植物纲（Dicotyledoneae）

川续断目（Dipsacales）

五福花科（Adoxaceae）

荚蒾属（*Viburnum* Linn.）

粉团（*Viburnum plicatum* Thunb.）

形态学鉴别特征：落叶灌木。高达3m。当年生小枝浅黄褐色，四角状，二年生小枝灰褐色或灰黑色，稍具棱角或否，散生圆形皮孔。老枝圆筒形，近水平状开展。冬芽有1对披针状三角形鳞片。叶纸质，宽卵形、圆状倒卵形或倒卵形，长4~10cm，顶端圆或急狭而微凸尖，基部圆形或宽楔形，边缘有不整齐三角状锯齿，侧脉10~12 对，直伸至齿端，叶面常深凹陷，叶背显著凸起，小脉横列，并行，紧密，呈明显的长方形格纹，叶柄长1~2cm。花序复伞状，球形，径4~8cm，全部由大型的不孕花组成。总花梗长1.5~4cm，稍有棱角。萼筒倒圆锥形，萼齿卵形，顶钝圆。花冠白色，辐射状，径1.5~3cm，裂片有时仅4片，倒卵形或近圆形，大小常不相等。雌蕊、雄蕊均不发育。

粉团叶（徐正浩摄）

粉团花（徐正浩摄）

粉团花期植株（徐正浩摄）

生物学特性：花期4—5月。不结实。

生境特征：在三衢山喀斯特地貌栽植于绿地、路边等生境。

分布：中国湖北西部、贵州中部和台湾等地有分布。日本、朝鲜也有分布。

2. 绣球荚蒾 *Viburnum macrocephalum* Fort.

中文异名：绣球、木绣球、八仙花

英文名：Chinese viburnum

分类地位：植物界（Plantae）

被子植物门（Angiosperms）

双子叶植物纲（Dicotyledoneae）

川续断目（Dipsacales）

五福花科（Adoxaceae）

荚蒾属（*Viburnum* Linn.）

绣球荚蒾（*Viburnum macrocephalum* Fort.）

绣球荚蒾枝叶（徐正浩摄）

形态学鉴别特征：落叶或半常绿灌木。高达4m。树皮灰褐色或灰白色，芽、幼枝、叶柄及花序均密被灰白色或黄白色簇状短毛，后渐变无毛。叶于冬季前至翌年春季逐渐落尽，纸质，卵形至椭圆形或卵状矩圆形，长5~10cm，顶端钝或稍尖，基部圆，有时微心形，边缘有小齿，侧脉5~6对，叶柄长10~15mm。聚伞花序径8~15cm，全部由大型不孕花组成。总花梗长1~2cm。萼筒筒状，长2~2.5mm，宽0.5~1mm，萼齿与萼筒几等长，矩圆形，顶钝。花冠白色，

绣球荚蒾花（徐正浩摄）

绣球荚蒾花序（徐正浩摄）

绣球荚蒾雄蕊（徐正浩摄）

绣球荚蒾变种的果实（徐正浩摄）

辐状，径1.5~4cm，裂片圆状倒卵形，筒部甚短。雄蕊长2~3mm，花药小，近圆形。雌蕊不育。

生物学特性：花期4—5月。不结实。

生境特征：在三衢山喀斯特地貌中栽植于绿地、溪边、路边、岩石山地等生境。

分布：中国江苏、江西、湖北等地有分布。

3. 琼花 *Viburnum macrocephalum* ‘Keteleeri’

中文异名：扬州琼花

分类地位：植物界（Plantae）

被子植物门（Angiosperms）

双子叶植物纲（Dicotyledoneae）

川续断目（Dipsacales）

五福花科（Adoxaceae）

荚蒾属（*Viburnum* Linn.）

琼花（*Viburnum macrocephalum* ‘Keteleeri’）

琼花中央可育花与边缘不孕花（徐正浩摄）

琼花花序（徐正浩摄）

琼花果实（徐正浩摄）

琼花果期植株（徐正浩摄）

形态学鉴别特征：绣球荚蒾（*Viburnum macrocephalum* Fort.）的园艺变种。与绣球荚蒾的主要区别在于其花序中央为两性可育花，仅边缘有大型白色不孕花。核果椭球形，长6~8mm，先红后黑。

生物学特性：花期4—5月，果期9—10月。

生境特征：在三衢山喀斯特地貌中栽植于绿地、溪边、路边等生境。

分布：中国江苏南部、安徽西部、浙江、江西北部、湖北西部及湖南南部有分布。

4. 珊瑚树 *Viburnum odoratissimum* Ker Gawl.

中文异名：日本珊瑚树、法国冬青

英文名：sweet viburnum

分类地位：植物界（Plantae）

被子植物门（Angiosperms）

双子叶植物纲（Dicotyledoneae）

川续断目（Dipsacales）

五福花科（Adoxaceae）

荚蒾属（*Viburnum* Linn.）

珊瑚树（*Viburnum odoratissimum* Ker Gawl.）

形态学鉴别特征：常绿灌木或小乔木。高达15m。枝灰色或灰褐色，有凸起的小瘤状皮孔，冬芽有1~2对卵状披针形的鳞片。叶革质，椭圆形至矩圆形或矩圆状倒卵形至倒卵形，有时近圆形，长7~20cm，顶端短尖至渐尖而钝头，有时钝形至近圆形，基部宽楔形，稀圆形，边缘上部有不规则浅波状锯齿或近全缘，叶面深绿色，有光泽，侧脉5~6对，弧形，叶柄长1~3cm。圆锥花序顶生或生于侧生短枝上，宽尖塔形，长3~14cm，宽 3~6cm。总花梗长可达10cm，扁。萼筒筒状钟形，长2~2.5mm，萼檐碟状，齿宽三角形。花冠白色，后变黄白色，有时微红，辐状，径5~7mm，筒长1~2mm，裂片反折，卵圆形，顶端圆，长2~3mm。雄蕊略超出花冠裂片，花药黄色，矩圆形，长1~2mm。柱头头状，不高出萼齿。果实先红后变黑，卵圆形或卵状椭圆形，长6~8mm，径5~6mm。核卵状椭圆形，浑圆，长5~7mm，径3~4mm，有1条深腹沟。

珊瑚树果实（徐正浩摄）

生物学特性：花芳香。花期4—5月（有时不定期开花），果期7—9月。

生境特征：在三衢山喀斯特地貌中栽植于绿地、溪边、岩石山地等生境。

分布：中国福建南部、湖南南部、广东、海南和广西等地有分布。印度、缅甸、泰国、越南、菲律宾、朝鲜、韩国和日本也有分布。

珊瑚树岩石生境植株（徐正浩摄）

珊瑚树灌木居群（徐正浩摄）

第27章

胡桃科 Juglandaceae

胡桃科（Juglandaceae）隶属壳斗目（Fagales），具9~10属，含50种。胡桃科植物为乔木或灌木。原产于美洲、欧亚大陆和东南亚。一些种叶片大，具芳香，常互生，而雀鹰木属（*Alfaroa* Standl.）和坚黄杞属（*Oreomunnea* Oerst.）叶对生。叶片羽状复叶或三出复叶，长20~100cm。风媒花，通常呈葇荑花序。

1. 枫杨 *Pterocarya stenoptera* C. DC.

英文名：Chinese wingnut

分类地位：植物界（Plantae）

被子植物门（Angiosperms）

双子叶植物纲（Dicotyledoneae）

壳斗目（Fagales）

胡桃科（Juglandaceae）

枫杨属（*Pterocarya* Kunth）

枫杨（*Pterocarya stenoptera* C. DC.）

形态学鉴别特征：落叶乔木。高达30m，胸径达1m。幼树树皮平滑，浅灰色，老时则深纵裂，小枝灰色至暗褐色，具灰黄色皮孔。叶多为偶数羽状复叶，稀奇数羽状复叶，长8~20cm，叶柄长2~5cm。小叶10~20片，无小叶柄，对生或稀近对生，长椭圆形至长椭圆状披针形，长

枫杨枝叶（徐正浩摄）

枫杨花序（徐正浩摄）

8~12cm，宽2~3cm，顶端常钝圆或稀急尖，基部歪斜，边缘有向内弯的细锯齿。雄性柔荑花序长6~10cm。雄花常具1片发育的花被片，雄蕊5~12枚。雌性柔荑花序顶生，长10~15cm。果序长20~45cm。果实长椭圆形，长6~7mm，果翅狭，条形，长12~20mm，宽3~6mm。

生物学特性：花期4月，果期8—9月。

生境特征：在三衢山喀斯特地貌中栽植于绿地、路边、岩石山地、山甸等生境。

分布：中国大部分地区有分布。朝鲜、韩国和日本也有分布。

第28章

天门冬科 Asparagaceae

APG Ⅲ分类系统中，天门冬科（Asparagaceae）隶属天门冬目（Asparagales），具114属，含2900余种。分7个亚科，即龙舌兰亚科（Agavoideae）、星棒月亚科（Aphyllanthoideae）、天门冬亚科（Asparagoideae）、紫灯韭亚科（Brodiaeoideae）、多须草亚科（Lomandroideae）、假叶树亚科（Ruscoideae）和绵枣儿亚科（Scilloideae）。

1. 凤尾丝兰 *Yucca gloriosa* Linn.

中文异名：凤尾兰

英文名：glorious yucca，lord's candlestick，moundlily，moundlily yucca，palm lily，Roman candle，soft-tipped yucca，Spanish bayonet，Spanish dagger，tree lily

分类地位：植物界（Plantae）

被子植物门（Angiosperms）

单子叶植物纲（Monocotyledoneae）

天门冬目（Asparagales）

天门冬科（Asparagaceae）

丝兰属（*Yucca* Linn.）

凤尾丝兰（*Yucca gloriosa* Linn.）

形态学鉴别特征：常绿灌木。植株高达2.5m。植株具茎，有时分枝。叶剑形，硬直，长

凤尾丝兰花（徐正浩摄）

凤尾丝兰生境植株（徐正浩摄）

40~80cm，宽5~10cm，先端硬尖，边缘光滑。花葶高1~2m。圆锥花序大型，窄，具多朵花。花白色至淡黄色，下垂，钟状，花被片6片，卵状菱形。雄蕊着生于花被片基部，花丝粗扁，上部1/3外弯。子房近圆柱形，柱头5裂。蒴果不开裂，长5~6cm。

生物学特性：一年开花2次。花期6月和9—10月。

生境特征：在三衢山喀斯特地貌中栽植于绿地等生境。

分布：原产于北美洲东部和东南部。

2. 山麦冬 *Liriope spicata* (Thunb.) Lour.

中文异名：大麦冬

英文名：radix liriopes, liriope root tuber

分类地位：植物界（Plantae）

被子植物门（Angiosperms）

单子叶植物纲（Monocotyledoneae）

天门冬目（Asparagales）

天门冬科（Asparagaceae）

山麦冬属（*Liriope* Lour.）

山麦冬（*Liriope spicata*（Thunb.）Lour.）

形态学鉴别特征：多年生草本。株高15~30cm。根状茎短，径1~2mm，有时分枝多，横走，近末端处常膨大成肉质小块根。植株有时丛生。叶基生，宽线形，长20~60cm，宽4~8mm，先端急尖或钝，基部常包以褐色的叶鞘，叶鞘边缘膜质。叶面深绿色，叶背粉绿色，具5条脉，中脉明显，边缘具细锯齿，叶无柄。花葶通常长于或几等长于叶，少数稍短于叶，长25~65cm。总状花序长6~20cm，具多数花，常2~5朵簇生于苞片内，花梗长2~4mm，关节位于上部或近端部。苞片小，披针形，最下面的长4~5mm，干膜质。花被片矩圆形、矩圆状披针形，长4~5mm，先端钝圆，淡紫色或淡蓝色。雄蕊着生于花被片基部，花丝长2mm，花药

山麦冬花序（徐正浩摄）

山麦冬花期植株（徐正浩摄）

山麦冬生境居群（徐正浩摄）

狭矩圆形，长2mm。子房近球形，花柱长2mm，稍弯，柱头不明显。蒴果在未成熟时即整齐开裂，露出肉质种子。种子近球形，小核果状，径5mm，熟时黑色或紫黑色。

生物学特性：花期6—8月，果期9—10月。

生境特征：在三衢山喀斯特地貌中栽植于绿地、路边等生境。

分布：除西藏、青海、新疆、内蒙古和东北外，中国其他地区有分布。日本、越南也有分布。

3. 阔叶山麦冬 *Liriope muscari* (Decne.) Bailey

中文异名：短葶山麦冬

英文名：big blue lilyturf，lilyturf，border grass，monkey grass

分类地位：植物界（Plantae）

被子植物门（Angiosperms）

单子叶植物纲（Monocotyledoneae）

天门冬目（Asparagales）

天门冬科（Asparagaceae）

山麦冬属（*Liriope* Lour.）

阔叶山麦冬（*Liriope muscari*（Decne.）Bailey）

形态学鉴别特征：多年生常绿草本。株高15~30cm。根状茎粗短，木质，无地下走茎。根细长分枝，有时局部膨大成肉质小块根。叶基生，密集成丛，革质，宽线形，长12~50cm，宽5~35mm，先端急尖或钝，基部渐狭，具9~11条脉，横脉明显，边缘仅上部微粗糙，叶鞘膜质，褐色，叶无柄。花葶通常长于叶，也有短于叶者，长45~100cm。总状花序长2~40cm。苞

阔叶山麦冬花（徐正浩摄）

阔叶山麦冬果实（徐正浩摄）

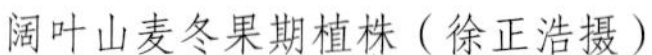
阔叶山麦冬果期植株（徐正浩摄）

阔叶山麦冬居群（徐正浩摄）

片卵状披针形，短于花梗，先端尾尖。3~8朵花簇生于苞片内，紫色或紫红色。花梗长4~5mm，关节位于中部或中上部。花被片6片，长圆形，长3.5mm，先端钝。雄蕊6枚，着生于花被片基部，花丝扁，花药长圆形，长1.5~2mm，与花丝近等长。子房上位，近球形，3 室。花柱长2mm，柱头明显，3齿裂。蒴果未成熟时就开裂。种子近圆球形，小核果状，径5~7mm，肉质，熟时紫黑色。

生物学特性：花期7—8月，果期9—10月。

生境特征：在三衢山喀斯特地貌中栽植于绿地、路边等生境。

分布：中国华东、华中、华南及四川、贵州等地有分布。日本也有分布。

4. 麦冬 *Ophiopogon japonicus* (Linn. f.) Ker-Gawl.

中文异名：麦门冬、沿阶草、书带草

英文名：dwarf lilyturf，mondograss，fountainplant，monkeygrass

分类地位：植物界（Plantae）

被子植物门（Angiosperms）

单子叶植物纲（Monocotyledoneae）

天门冬目（Asparagales）

天门冬科（Asparagaceae）

沿阶草属（*Ophiopogon* Ker-Gawl.）

麦冬（*Ophiopogon japonicus*（Linn. f.）Ker-Gawl.）

形态学鉴别特征：多年生常绿草本。株高15~35cm。根状茎粗短，木质，具细长的地下走茎，顶端或中部常膨大成肉质小块根。叶基生，狭线形，长10~40cm，宽1~4mm，边缘具细锯齿，叶鞘膜质，白色至褐色，叶无柄。花葶从叶丛抽出，常低于叶丛，稍弯垂，扁平，两侧具明显的狭翼。总状花序长2~7cm，稍下弯，生于苞片下，淡紫色，每个苞片内1~2朵花。花梗长2~6mm，常下弯，关节位于其中上部至中下部。苞片披针形，下部的长于花梗。花被片披针

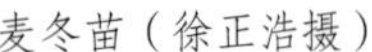

麦冬苗（徐正浩摄）

麦冬生境植株（徐正浩摄）

形，长4~5.5mm，先端尖。雄蕊着生于花被片基部，花丝不明显，花药圆锥形，长2.5~3mm，顶端尖。花柱基部稍宽，略呈长圆锥形，长3~5mm，高出雄蕊。果实圆球形，蓝色。种子圆球形，小核果状，径7~8mm，熟时暗蓝色。

生物学特性：花期6—7月，果期7—8月。喜温暖和湿润气候。

生境特征：在三衢山喀斯特地貌中栽植于绿地、路边、山地等生境。

分布：中国华东、华中、华北、华南、西南及陕西等地有分布。日本、越南及印度等地也有分布。

5. 万年青 *Rohdea japonica* Roth

中文异名：红果万年青

英文名：Nippon lily, sacred lily, Japanese sacred lily

分类地位：植物界（Plantae）

被子植物门（Angiosperms）

单子叶植物纲（Monocotyledoneae）

天门冬目（Asparagales）

天门冬科（Asparagaceae）

万年青属（*Rohdea* Roth）

万年青（*Rohdea japonica* Roth）

形态学鉴别特征：多年生草本植物。根具许多纤维，并密生白色棉毛。根状茎径1.5~2.5cm。叶3~6片，厚纸质，矩圆形、披针形或倒披针形，长15~50cm，宽2.5~7cm，先端急尖，基部稍狭，绿色，纵脉明显浮凸，鞘叶披针形，长5~12cm。花葶短于叶，长2.5~4cm。穗状花序长3~4cm，宽1.2~1.7cm，具几十朵密集的花。苞片卵形，膜质，短于花，长2.5~6mm，宽2~4mm。花被长4~5mm，宽5~6mm，淡黄色，裂片厚。花药卵形，长1.4~1.5mm。浆果径6~8mm，熟时红色。

万年青生境植株（徐正浩摄）

生物学特性：花期5—7月，果期9—11月。

生境特征：在三衢山喀斯特地貌中栽植于绿地、路边等生境。

分布：中国华东、华中、西南等地有分布。日本也有分布。

第29章

黄杨科 Buxaceae

黄杨科(Buxaceae)隶属黄杨目(Buxales)，具6属，含123种。黄杨科植物为灌木或小乔木。黄杨科的分类地位和界限一直变化着。APG Ⅳ分类系统将其归入单科的黄杨目，并将无知果属(*Haptanthus* Goldberg ex C. Nelson)和双蕊花属(*Didymeles* Thouars)归入黄杨科。

1. 黄杨　*Buxus sinica* (Rehd. et Wils.) M. Cheng

英文名：Chinese box wood

分类地位：植物界(Plantae)

被子植物门(Angiosperms)

双子叶植物纲(Dicotyledoneae)

黄杨目(Buxales)

黄杨科(Buxaceae)

黄杨属(*Buxus* Linn.)

黄杨(*Buxus sinica* (Rehd. et Wils.) M. Cheng)

形态学鉴别特征：常绿灌木或小乔木。高1~6m。枝圆柱形，有纵棱，灰白色，小枝四棱形，被短柔毛或外方相对两侧面无毛，节间长0.5~2cm。叶革质，阔椭圆形、阔倒卵形、卵状椭圆形或长圆形，长1.5~3.5cm，宽0.8~2cm，先端圆或钝，常有小凹口，不尖锐，基部圆、急尖或楔形，中脉凸出，侧脉明显，叶背中脉平坦或稍凸出，叶柄长1~2mm。花序腋生，头状，花密集，花序轴长3~4mm。苞片阔卵形，长2~2.5mm。雄花10朵，无花梗，外萼片卵状椭圆形，内萼片近圆形，长2.5~3mm，无毛，雄蕊连花药长4mm，不育雌蕊有棒状柄，末端膨大，高1.5~2mm。雌花萼片长2~3mm，子房较花柱稍长，花柱粗扁，柱头倒心形，下延达花柱中部。蒴果近球形，长6~10mm，宿存花柱长2~3mm。

黄杨茎叶(徐正浩摄)

黄杨路边景观植株（徐正浩摄）

生物学特性：花期3月，果期5—6月。

生境特征：在三衢山喀斯特地貌中栽植于路边、岩石山地等生境。

分布：中国华中、西南、华南、华东及陕西、甘肃等地有分布。

第30章

海桐科 Pittosporaceae

海桐科(Pittosporaceae) 隶属伞形目(Apiales)，具9属，含200~240种。乔木、灌木或藤本。分布于世界热带至温带地区。雌雄异株。具羽状脉；无托叶；叶缘光滑。萼片、花瓣和雄蕊同数。子房上位；侧膜胎座；花柱不裂，直立；柱头具裂。果实为蒴果或浆果；花萼从果实上脱落。种子由胎盘毛分泌的黏状物质包裹。

1. 海桐 *Pittosporum tobira* (Thunb.) W. T. Aiton

英文名：Australian laurel，Japanese pittosporum，mock orange，Japanese cheesewood

分类地位：植物界（Plantae）

被子植物门（Angiosperms）

双子叶植物纲（Dicotyledoneae）

伞形目（Apiales）

海桐科（Pittosporaceae）

海桐属（*Pittosporum* Banks ex Sol.）

海桐（*Pittosporum tobira*（Thunb.）W. T. Aiton）

形态学鉴别特征：常绿灌木或小乔木。植株高达6m。嫩枝被褐色柔毛，有皮孔。叶聚生于枝顶，二年生，革质，嫩时两面有柔毛，以后变秃净，倒卵形或倒卵状披针形，长4~9cm，宽1.5~4cm，叶面深绿色，发亮，干后暗晦无光，先端圆形或钝，常微凹入或为微心形，基部窄楔形。侧脉6~8对，在靠近边缘处相结合，有时因侧脉间的支脉较明显而呈多脉状，网脉稍明显，网眼细小。全缘，干后反卷。叶柄长达2cm。伞形花序顶生或近顶生，密被黄褐色柔毛。花梗长1~2cm。苞片披针形，长4~5mm。小苞片长2~3mm，均被褐毛。花白色，有芳香，后变黄色。萼片卵形，长3~4mm，被柔毛。花瓣倒披针形，长1~1.2cm，离生。雄蕊具2种类型，退化雄蕊的花丝长2~3mm，花药近于不育；正常雄蕊的花丝长5~6mm，花药长圆形，

海桐花（徐正浩摄）

海桐蒴果（徐正浩摄）

海桐种子（徐正浩摄）

长2mm，黄色。子房长卵形，密被柔毛，侧膜胎座3个。胚珠多颗，2列着生于胎座中段。蒴果圆球形，有棱或呈三角形，径1~1.2cm，多少有毛。子房柄长1~2mm，3片裂开，果瓣木质，厚1.5mm，内侧黄褐色，有光泽，具横格。种子多数，长3~4mm，多角形，红色，种柄长2mm。

海桐花期植株（徐正浩摄）

生物学特性：花芳香。花期4—6月，果期9—12月。

生境特征：在三衢山喀斯特地貌中栽植于绿地、路边等生境。

分布：中国西南、东南、华东等地有分布。日本、韩国也有分布。

第31章

豆科 Fabaceae

豆科（Fabaceae）隶属豆目（Fabales），为被子植物中第三大陆生植物科，其植物种数仅次于兰科（Orchidaceae）和菊科（Asteraceae）。具800属，含19000余种。豆科植物为乔木、灌木、藤本或草本。常具固氮根瘤菌。奇数或偶数羽状复叶、二回羽状复叶，有时为3小叶、单小叶或单叶；常具托叶。花常具5片合生萼片和5片离生花瓣。雌雄同体，具杯状隐头花序。雄蕊常10枚，子房上位，具1个完全花柱。荚果为一单干果，两侧开裂。一些种发育为翅果、节荚、蓇葖果、不裂荚果、瘦果、核果或浆果。

1. 龙爪槐 *Sophora japonica* Linn. f. *pendula* Hort.

中文异名：盘槐、蟠槐

分类地位：植物界（Plantae）

被子植物门（Angiosperms）

双子叶植物纲（Dicotyledoneae）

豆目（Fabales）

豆科（Fabaceae）

槐属（*Sophora* Linn.）

龙爪槐（*Sophora japonica* Linn. f. *pendula* Hort.）

龙爪槐花（徐正浩摄）

龙爪槐果实（徐正浩摄）

龙爪槐新叶萌发期植株（徐正浩摄）

龙爪槐花期植株（徐正浩摄）

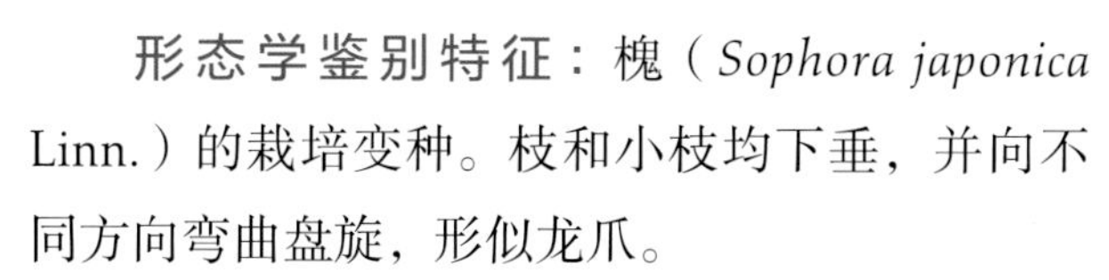

形态学鉴别特征：槐（*Sophora japonica* Linn.）的栽培变种。枝和小枝均下垂，并向不同方向弯曲盘旋，形似龙爪。

生物学特性：花芳香。花期7—8月，果期8—10月。

生境特征：在三衢山喀斯特地貌中栽植于绿地、路边、岩石山地等生境。

分布：原产于中国。

龙爪槐果期植株（徐正浩摄）

2. 紫荆 *Cercis chinensis* Bunge

中文异名：老茎生花、满条红

英文名：Chinese redbud

分类地位：植物界（Plantae）

被子植物门（Angiosperms）

双子叶植物纲（Dicotyledoneae）

豆目（Fabales）

豆科（Fabaceae）

紫荆属（Cercis Linn.）

紫荆（*Cercis chinensis* Bunge）

形态学鉴别特征：丛生或单生灌木。高2~5m。树皮和小枝灰白色。叶纸质，近圆形或三角状圆形，长5~10cm，宽6~15cm，先端急尖，基部浅至深心形，两面通常无毛，嫩叶绿色，仅叶柄略带紫色，叶缘膜质透明。花紫红色或粉红色，2~10朵成束，簇生于老枝和主干上，尤以主干上花束较多，花长1~1.5cm。花梗长3~9mm。龙骨瓣基部具深紫色斑纹。子房嫩绿色，

紫荆花（徐正浩摄）

紫荆荚果（徐正浩摄）

紫荆花期植株（徐正浩摄）

花蕾时光亮无毛，后期则密被短柔毛，有胚珠6~7颗。荚果扁狭长形，绿色，长4~8cm，宽1~1.2cm，翅宽1~1.5mm，先端急尖或短渐尖，喙细而弯曲，基部长渐尖，两侧缝线对称或近对称。果颈长2~4mm。种子2~6粒，阔长圆形，长5~6mm，宽3~4mm，黑褐色，光亮。

生物学特性：花开放通常先于叶长出，但嫩枝或幼株上的花开放则与叶长出同时。花期3—4月，果期8—10月。

生境特征：在三衢山喀斯特地貌中栽植于绿地、路边等生境。

分布：中国西南、华南、华北、华中、华东和东北有分布。

3. 紫藤 *Wisteria sinensis* (Sims) Sweet

中文异名：紫藤萝

英文名：Chinese wisteria

分类地位：植物界（Plantae）

被子植物门（Angiosperms）

双子叶植物纲（Dicotyledoneae）

豆目（Fabales）

豆科（Fabaceae）

紫藤属（*Wisteria* Nutt.）

紫藤（*Wisteria sinensis*（Sims）Sweet）

形态学鉴别特征：落叶藤本。茎左旋，枝粗壮，嫩枝被白色柔毛，后秃净，冬芽卵形。奇

紫藤茎叶（徐正浩摄）

紫藤新生叶（徐正浩摄）

紫藤花（徐正浩摄）

紫藤果实（徐正浩摄）

紫藤岩石生境植株（徐正浩摄）

数羽状复叶长15~25cm，小叶3~6对。小叶纸质，卵状椭圆形至卵状披针形，上部小叶较大，基部1对最小，长5~8cm，宽2~4cm，先端渐尖至尾尖，基部钝圆或楔形，或歪斜，小叶柄长3~4mm。总状花序长15~30cm，径8~10cm，花序轴被白色柔毛。苞片披针形。花长2~2.5cm。花梗细，长2~3cm。花萼杯状，具5个齿。花冠紫色，旗瓣圆形，先端略凹陷，花开后反折，翼瓣长圆形，基部圆，龙骨瓣较翼瓣短，阔镰形。子房线形，密被茸毛。花柱无毛，上弯。胚珠6~8颗。荚果倒披针形，长10~15cm，宽1.5~2cm，密被茸毛，悬垂于枝上不脱落，种子1~3粒。种子褐色，具光泽，圆形，宽1~1.5cm，扁平。

生物学特性：花芳香。花期4月中旬至5月上旬，果期5—8月。

生境特征：在三衢山喀斯特地貌中栽植于绿地、溪边、路边、山地等生境。

分布：中国大部分地区有分布。

4. 刺槐 *Robinia pseudoacacia* Linn.

中文异名：洋槐

英文名：black locust, false acacia

分类地位：植物界（Plantae）

被子植物门（Angiosperms）

双子叶植物纲（Dicotyledoneae）

豆目（Fabales）

豆科（Fabaceae）

刺槐属（*Robinia* Linn.）

刺槐（*Robinia pseudoacacia* Linn.）

形态学鉴别特征：落叶乔木。高10~25m。树皮灰褐色至黑褐色，浅裂至深纵裂，稀光滑，小枝灰褐色，幼时有棱脊，具托叶刺，长1~2cm，冬芽小，被毛。羽状复叶长10~40cm，叶轴上面具沟槽，小叶2~12对。小叶对生，椭圆形、长椭圆形或卵形，长2~5cm，宽1.5~2.2cm，先端圆，微凹，具小尖头，基部圆形至阔楔形，全缘，叶面绿色，叶背灰绿色，小叶柄长

刺槐树枝（徐正浩摄）

刺槐枝叶（徐正浩摄）

刺槐叶序（徐正浩摄）

刺槐羽状复叶（徐正浩摄）

1~3mm。总状花序腋生，长10~20cm，下垂，花多数。花梗长7~8mm。花萼斜钟状，长7~9mm，萼齿5个，三角形至卵状三角形。花冠白色，各瓣均具瓣柄，旗瓣近圆形，长12~16mm，宽15~19mm，先端凹缺，基部圆，反折，内有黄斑，翼瓣斜倒卵形，与旗瓣几等长，长14~16mm，基部一侧具圆耳，龙骨瓣镰状，三角形，与翼瓣等长或比翼瓣稍短，前缘合生，先端钝尖。雄蕊二体，对旗瓣的1枚分离。子房线形，长1~1.2cm，无毛，叶柄长2~3mm。花柱钻形，长6~8mm，上弯，顶端具毛。柱头顶生。荚果褐色，或具红褐色斑纹，线状长圆形，长5~12cm，宽1~1.5cm，扁平，先端上弯，具尖头，种子2~15粒。种子褐色至黑褐色，微具光泽，有时具斑纹，近肾形，长5~6mm，宽2~3mm，种脐圆形，偏于一端。

刺槐托叶刺（徐正浩摄）

生物学特性：花芳香。花期4—6月，果期8—9月。

生境特征：在三衢山喀斯特地貌中栽植于山地、草坡、山甸、岩石山地等生境。

分布：原产于北美洲东部。

第32章

无患子科 Sapindaceae

无患子科（Sapindaceae）隶属无患子目（Sapindales），具138属，含1858种。广布世界，主要分布于温带至热带地区，常生于阔叶林。APG分类系统将以往单元性的槭树科和七叶树科（Hippocastanaceae）并入无患子科。

无患子科植物常为乔木、草本或藤本。叶常螺旋状互生，有时对生，如槭属（*Acer* Linn.）、七叶树属（*Aesculus* Linn.）等。叶常为羽状复叶，有时为掌状复叶，如七叶树属。叶柄基部膨大，无托叶。一些属为常绿树种。

花小，单性，或作用上单性。雌雄异体或同体。常呈聚伞圆锥花序。萼片和花瓣4片或5片，而车桑子属（*Dodonaea* Mill.）花瓣缺。雄蕊4~10枚，着生于花瓣与雄蕊的蜜腺盘上，花丝具毛，雄蕊常8枚，2环排列，每环4枚。雌蕊群含2~3个心皮，有时达6个。花柱1个，具1个分裂柱头。果实为肉果或干果，分坚果、浆果、核果、分果、蒴果和翼果。胚弯曲或环状。种子无胚乳。常具假种皮。

1. 鸡爪槭 *Acer palmatum* Thunb.

中文异名：七角枫

英文名：palmate maple，Japanese maple，smooth Japanese maple

分类地位：植物界（Plantae）

被子植物门（Angiospermae）

双子叶植物纲（Dicotyledoneae）

无患子目（Sapindales）

无患子科（Sapindaceae）

槭属（*Acer* Linn.）

鸡爪槭（*Acer palmatum* Thunb.）

形态学鉴别特征：落叶小乔木。树皮深灰色，当年生枝紫色或淡紫绿色，多年生枝淡紫灰色或深紫色。叶纸质，轮廓圆形，径7~10cm，基部心形或近于心形，稀截形，5~9掌状分裂，常7裂，裂片长卵圆形或披针形，先端锐尖或长锐尖，边缘具紧贴的尖锐锯齿，裂片间的凹缺钝尖或锐尖，深达叶片直径的1/2或1/3，叶面深绿色，叶背淡绿色，主脉在叶面微显著，在叶背凸起，叶柄长4~6cm。花杂性。雄花与两性花同株。伞房花序总花梗长2~3cm，萼片5片，卵

鸡爪槭枝叶（徐正浩摄）

鸡爪槭叶背（徐正浩摄）

鸡爪槭花（徐正浩摄）

鸡爪槭花期植株（徐正浩摄）

状披针形，先端锐尖，长2~3mm。花瓣5片，椭圆形或倒卵形，先端钝圆，长1.5~2mm。雄蕊8枚，较花瓣略短而藏于其内。子房无毛，花柱长，2 裂，柱头扁平，花梗长0.7~1cm。翅果嫩时紫红色，成熟时淡棕黄色。小坚果球形，径5~7mm，脉纹显著。翅与小坚果共长2~2.5cm，宽0.6~1cm，张开成钝角。

鸡爪槭果期植株（徐正浩摄）

生物学特性：先叶后花。花期5月，果期9月。

生境特征：在三衢山喀斯特地貌中栽植于绿地、路边、岩石山地等生境。

分布：中国华东、华中、西南等地有分布。朝鲜、韩国和日本也有分布。

2. 红枫 *Acer palmatum* ‘Atropurpureum’

中文异名：红鸡爪槭、红颜枫

分类地位：植物界（Plantae）

被子植物门（Angiospermae）

双子叶植物纲（Dicotyledoneae）

无患子目（Sapindales）

无患子科（Sapindaceae）

槭属（*Acer* Linn.）

红枫（*Acer palmatum* ‘Atropurpureum’）

形态学鉴别特征：鸡爪槭的栽培变种。其主要特征为枝条、叶偏紫红色。

生物学特性：花期5月，果期9月。

生境特征：在三衢山喀斯特地貌中栽植于绿地、山地、路边等生境。

分布：中国华东、华中等地有分布。朝鲜、韩国和日本也有分布。

红枫树干（徐正浩摄）

红枫叶（徐正浩摄）

红枫花（徐正浩摄）

红枫花期植株（徐正浩摄）

3. 羽毛槭 *Acer palmatum* ‘Dissectum’

中文异名：羽毛枫、细叶鸡爪槭

分类地位：植物界（Plantae）

被子植物门（Angiospermae）

双子叶植物纲（Dicotyledoneae）

无患子目（Sapindales）

无患子科（Sapindaceae）

槭属（*Acer* Linn.）

羽毛槭（*Acer palmatum* ‘Dissectum’）

羽毛槭枝（徐正浩摄）

羽毛槭叶（徐正浩摄）

羽毛槭景观植株（徐正浩摄）

形态学鉴别特征：鸡爪槭的栽培变种。其主要特征为叶片细裂，枝条略下垂。

生物学特性：花期4—5月，果期10月。

生境特征：在三衢山喀斯特地貌中栽植于绿地、路边等生境。

分布：在中国长江流域园林中广为栽植。

4. 全缘叶栾树 *Koelreuteria bipinnata* ‘Integrifoliola’

中文异名：黄山栾树

分类地位：植物界（Plantae）

被子植物门（Angiospermae）

双子叶植物纲（Dicotyledoneae）

无患子目（Sapindales）

无患子科（Sapindaceae）

栾树属（*Koelreuteria* Laxm.）

全缘叶栾树（*Koelreuteria bipinnata* ‘Integrifoliola’）

形态学鉴别特征：乔木，高可达20余米。茎的皮孔圆形至椭圆形。枝具小疣点。叶平展，二回羽状复叶，长45-70cm。叶轴和叶柄向轴面常有1纵行皱曲的短柔毛。小叶9~17片，互生，很少对生，纸质或近革质，斜卵形，长3.5~7cm，宽2~3.5cm，顶端短尖至短渐尖，基部阔楔形或圆形，略偏斜，小叶通常全缘，有时一侧近顶部边缘有锯齿，两面无毛或叶面中脉上被微柔毛，叶背密被短柔毛，有时杂以皱曲的毛。小叶柄长约3mm或近无柄。圆锥花序大型，长35~70cm，分枝广展，与花梗同被短柔毛。萼5裂达中部，裂片阔卵状三角形或长圆形，有短而硬的缘毛及流苏状腺体，边缘呈啮蚀状。花瓣4片，长圆状披针形，瓣片长6~9mm，宽

全缘叶栾树叶（徐正浩摄）

全缘叶栾树花（徐正浩摄）

全缘叶栾树蒴果（徐正浩摄）

全缘叶栾树花果期植株（徐正浩摄）

1.5~3mm，顶端钝或短尖，瓣爪长1.5~3mm，被长柔毛，鳞片深2裂。雄蕊8枚，长4~7mm，花丝被开展的白色长柔毛，下半部毛较多，花药有短疏毛。子房三棱状长圆形，被柔毛。蒴果椭圆形或近球形，具3棱，淡紫红色，老熟时褐色，长4~7cm，宽3.5~5cm，顶端钝或圆。果瓣椭圆形至近圆形，外面具网状脉纹，内面有光泽。种子近球形，径5~6mm。

生物学特性：花期8—9月，果期10—11月。

生境特征：在三衢山喀斯特地貌中栽植于绿地、路边等生境。

分布：中国华东、华中、西南、华南等地有分布。

5. 无患子 *Sapindus mukorossi* Gaertn.

中文异名：洗手果、油罗树、目浪树、黄目树、苦患树、油患子、木患子

英文名：Chinese soapberry，washnut

分类地位：植物界（Plantae）

被子植物门（Angiospermae）

双子叶植物纲（Dicotyledoneae）

无患子目（Sapindales）

无患子科（Sapindaceae）

无患子属（*Sapindus* Linn.）

无患子（*Sapindus mukorossi* Gaertn.）

形态学鉴别特征：落叶大乔木。高15~25m。树皮灰褐色或黑褐色，嫩枝绿色，无毛。叶连柄长25~45cm或更长，叶轴稍扁，上面两侧有直槽，小叶5~8对，常近对生。小叶薄纸质，长椭圆状披针形或稍呈镰形，长7~15cm，宽2~5cm，顶端短尖或短渐尖，基部楔形，稍不对称，侧脉纤细而密，15~17对，近平行，小叶柄长3~5mm。花序顶生，圆锥形。花小，辐射对称，花梗短。萼片卵形或长圆状卵形，长1~2mm。花瓣5片，披针形，有长爪，长2~2.5mm，雄蕊8枚，伸出，花丝长3~3.5mm，子房无毛。果近球形，径2~2.5cm，橙黄色，干时变黑。

生物学特性：花期5—6月，果期7—8月。

生境特征：在三衢山喀斯特地貌中栽植于绿地、路边等生境。

分布：中国西南、华南、华中和华东等地有分布。东亚其他国家、东南亚和南亚也有分布。

无患子枝叶（徐正浩摄）

无患子羽状复叶（徐正浩摄）

无患子果实（徐正浩摄）

无患子果期植株（徐正浩摄）

第33章

金缕梅科 Hamamelidaceae

金缕梅科（Hamamelidaceae）隶属虎耳草目（Saxifragales），具27~30属，含80~140种。金缕梅科与虎耳草目的其他科的区别在于：花排列特征均一；托叶在茎上常呈2列；常具2心皮雌蕊群；柱头多室，浅乳头状突起或脊状突起。

金缕梅科的花瓣常狭窄，肋状，但蜡瓣花属（*Corylopsis* Siebold ex Zucc.）和红花荷属（*Rhodoleia* Champ. ex Hook.）例外，花瓣为匙形或圆形。花两性，具花被片，常宿存，果序呈穗状，总状或非球形头状。

1. 红花檵木 *Lorpetalum chinense* (R. Br.) Oliv. var. *rubrum* Yieh

中文异名：红继木、红梽木

分类地位：植物界（Plantae）

被子植物门（Angiospermae）

双子叶植物纲（Dicotyledoneae）

虎耳草目（Saxifragales）

金缕梅科（Hamamelidaceae）

檵木属（*Loropetalum* R.Brown）

红花檵木（*Lorpetalum chinense*（R. Br.）Oliv. var. *rubrum* Yieh）

红花檵木叶（徐正浩摄）

红花檵木山地生境植株（徐正浩摄）

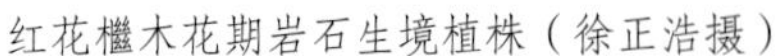

红花檵木花期岩石生境植株（徐正浩摄）

红花檵木花期居群（徐正浩摄）

形态学鉴别特征：常绿灌木或小乔木。嫩枝被暗红色星状毛。叶互生，革质，卵形，全缘，嫩叶淡红色，越冬老叶暗红色。花4~8朵簇生于总状花梗上，呈顶生头状或短穗状花序，花瓣4片，淡紫红色，带状线形。蒴果木质，倒卵圆形。种子长卵形，黑色，光亮。

生物学特性：花期4—5月，果期9—10月。

生境特征：在三衢山喀斯特地貌中栽植于岩石山地、路边、林下、灌木丛、溪边、草丛等生境。

分布：中国中部、南部及西南部有分布。日本、印度也有分布。

第34章

丝缨花科 Garryaceae

丝缨花科（Garryaceae）隶属丝缨花目（Garryales），具2属，即桃叶珊瑚属（*Aucuba* Thunb.）和丝缨花属（*Garrya* Douglas ex Lindl.），含19~28种。分布于暖温带和亚热带地区，丝缨花属产于北美洲，桃叶珊瑚属产于亚洲东部。丝缨花科植物为常绿小乔木或灌木。单叶对生。

1. 花叶青木 *Aucuba japonica* ‘Variegata’

中文异名：洒金桃叶珊瑚

英文名：spotted laurel，Japanese laurel，Japanese aucuba，gold dust plant

分类地位：植物界（Plantae）

被子植物门（Angiospermae）

双子叶植物纲（Dicotyledoneae）

丝缨花目（Garryales）

丝缨花科（Garryaceae）

桃叶珊瑚属（*Aucuba* Thunb.）

花叶青木（*Aucuba japonica* ‘Variegata’）

形态学鉴别特征：青木的园艺变种。常绿灌木。高1~5m。植株丛生，树皮初时绿色，平滑，后转为灰绿色。叶对生，肉革质，矩圆形至阔披针形，长5~8cm，宽2~5cm，边缘疏生粗

花叶青木茎（徐正浩摄）

花叶青木茎叶（徐正浩摄）

花叶青木叶面（徐正浩摄）

花叶青木叶背（徐正浩摄）

齿牙，两面油绿而富光泽，叶面常密布洒金黄斑。圆锥花序顶生。花单性，雌雄异株。花小，径4~8mm，花瓣4片，棕紫色，10~30朵花组成疏散的聚伞花序。坚果径0.8~1cm。

生物学特性：花期3—4月，果期8—10月。

生境特征：在三衢山喀斯特地貌中栽植于绿地、路边等生境。

分布：中国广泛栽培。

第35章

金丝桃科 Hypericaceae

金丝桃科（Hypericaceae）隶属金虎尾目（Malpighiales），具6~11属，含590~700种。灌木或草本。单叶，全缘，对生，有时具黑色或透明腺点。花序簇生，组成聚伞花序，顶部平。花两性或单性，放射状对称。花萼4片或5片，宿存。花瓣4片或5片，黄色。雄蕊多数，通常合生，花丝长。花柱3~5个，基部常合生。子房上位。果实多为蒴果，易裂。种子常黑色。

1. 金丝桃 *Hypericum monogynum* Linn.

中文异名：金丝莲

分类地位：植物界（Plantae）

被子植物门（Angiospermae）

双子叶植物纲（Dicotyledoneae）

金虎尾目（Malpighiales）

金丝桃科（Hypericaceae）

金丝桃属（*Hypericum* Linn.）

金丝桃（*Hypericum monogynum* Linn.）

形态学鉴别特征：半常绿灌木。高0.5~1.5m。茎红色，幼时具2~4条纵线棱，两侧扁压，后为圆柱形，皮层橙褐色。叶对生，无柄或具长达1.5mm的短柄。叶片倒披针形或椭圆形至长圆形，长2~11cm，宽1~4cm，先端锐尖至圆形，常具细小尖突，基部楔形至圆形或上部者有

金丝桃枝叶（徐正浩摄）

金丝桃对生叶（徐正浩摄）

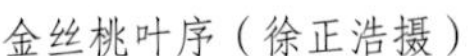
金丝桃叶序（徐正浩摄）

金丝桃花（徐正浩摄）

时截形至心形，边缘平坦，叶面绿色，叶背淡绿色。花序具1~30朵花。花梗长0.8~5cm。花径3~6.5cm。花瓣金黄色至柠檬黄色，三角状倒卵形，长2~3.4cm，宽1~2cm，长为萼片的2.5~4.5倍。雄蕊5束，每束有雄蕊25~35枚，花药黄色至暗橙色。子房卵圆形或卵圆状圆锥形至近球形，长2.5~5mm，宽2.5~3mm。花柱长1.2~2cm，长为子房的3.5~5倍，柱头小。蒴果宽卵圆形，稀为卵圆状圆锥形至近球形，长6~10mm，宽4~7mm。种子深红褐色，圆柱形，长1~2mm，有狭的龙骨状突起。

生物学特性：花期5—7月，果期8—9月。

生境特征：在三衢山喀斯特地貌中栽植于绿地、溪边、路边等生境。

分布：中国华东、华中、华南、西南及陕西等地有分布。

第36章

蜡梅科 Calycanthaceae

蜡梅科（Calycanthaceae）隶属木兰目（Magnoliales），具3属，含10种。分布于暖温带和热带地区。蜡梅科植物具芳香。除椅子树属（*Idiospermum* Blake）为常绿树外，其余为落叶灌木，高2~4m。花白色至红色，花瓣螺旋状着生。

1. 蜡梅 *Chimonanthus praecox* (Linn.) Link

中文异名：素心蜡梅

英文名：wintersweet, Japanese allspice

分类地位：植物界（Plantae）

被子植物门（Angiospermae）

木兰分支（Magnoliids）

木兰目（Magnoliales）

蜡梅科（Calycanthaceae）

蜡梅属（*Chimonanthus* Lindl.）

蜡梅（*Chimonanthus praecox*（Linn.）Link）

形态学鉴别特征：多年生落叶灌木。高达4m。幼枝四方形，老枝近圆柱形，灰褐色，芽鳞片近圆形，覆瓦状排列。叶纸质至近革质，卵圆形、椭圆形、宽椭圆形至卵状椭圆形，有时长圆状披针形，长5~25cm，宽2~8cm，顶端急尖至渐尖，有时具尾尖，基部急尖至圆形。花着生于二年生枝条叶腋内，径2~4cm。花被片圆形、长圆形、倒卵形、椭圆形或匙形，长5~20mm，宽5~15mm，内部花被片比外部花被片短，基部有爪。雄蕊长3~4mm，花丝比花药长或与花药等长，花药向内弯，药隔顶端短尖，退化雄蕊长2~3mm。心皮基部被疏硬毛，花柱长达子房3倍。果坛状或倒卵状椭圆形，长2~5cm，径1~2.5cm，口部收缩，并具钻状披针形的被毛附生物。

蜡梅花（徐正浩摄）

生物学特性：花芳香。花开放先于叶长

蜡梅果实（徐正浩摄）

蜡梅景观植株（徐正浩摄）

出。花期11月至翌年3月，果期4—11月。

生境特征：在三衢山喀斯特地貌中栽植于绿地、溪边、路边等生境。

分布：中国西南、华中、华北和华东等地有分布。

第37章

罗汉松科 Podocarpaceae

罗汉松科（Podocarpaceae）隶属松目（Pinales），具19属，含156种。罗汉松科植物为常绿乔木或灌木。

1. 罗汉松 *Podocarpus macrophyllus* (Thunb.) D. Don

中文异名：土杉、罗汉杉

英文名：yew plum pine，Buddhist pine，fern pine

分类地位：植物界（Plantae）

松柏门（Pinophyta）

松柏纲（Pinopsida）

松目（Pinales）

罗汉松科（Podocarpaceae）

罗汉松属（*Podocarpus* L'Hér. ex Pers.）

罗汉松（*Podocarpus macrophyllus*（Thunb.）D. Don）

形态学鉴别特征：常绿乔木。高达20m，胸径达60cm。树皮灰色或灰褐色，浅纵裂，成薄片状脱落，枝开展或斜展，较密。叶螺旋状着生，条状披针形，微弯，长7~12cm，宽7~10mm，先端尖，基部楔形，叶面深绿色，有光泽，中脉显著隆起，叶背草白色、灰绿色或淡绿色，中脉微隆起。雄球花穗状，腋生，常3~5个簇生于极短的总梗上，长3~5cm，基部有

罗汉松种子（徐正浩摄）

罗汉松种子发育期植株（徐正浩摄）

罗汉松植株（徐正浩摄）

数片三角状苞片。雌球花单生于叶腋，有梗，基部有少数苞片。种子卵圆形，径0.8~1cm，先端圆，熟时肉质假种皮紫黑色，被白粉。

生物学特性：花期4—5月，种子8—9月成熟。

生境特征：在三衢山喀斯特地貌中栽植于绿地、路边等生境。

分布：中国西南、华南至华东地区有分布。日本也有分布。

第38章

樟科 Lauraceae

樟科（Lauraceae）隶属樟目（Laurales），具45属，含2850种，主要分布于暖温带和热带地区，特别是东南亚和南美洲。多数种为芳香型，常绿树木或灌木，但一些种，如檫木属（*Sassafras* Trew）的种，为落叶树种。菟丝子属（*Cassytha* Linn.）是樟科中唯一为寄生性藤本的属。

绝大多数樟科植物为常绿树木。果实为核果，具1粒种子，包裹于一层硬内果皮中。内果皮薄，因此，果实类似于具1粒种子的浆果。一些种的果实，特别是樟桂属（*Ocotea* Aubl.），沉入深“壳斗”中，或具杯状覆盖，由花萼管宿存，使果实外形类似栎实。在山胡椒属(*Lindera* Thunb.）的一些种中，果实基部有果托。

1. 刨花润楠 *Machilus pauhoi* Kanehira

中文异名：刨花楠

分类地位：植物界（Plantae）

被子植物门（Angiospermae）

双子叶植物纲（Dicotyledoneae）

樟目（Laurales）

樟科（Lauraceae）

润楠属（*Machilus* Nees）

刨花润楠（*Machilus pauhoi* Kanehira）

形态学鉴别特征：常绿乔木。高6.5~20m，径达30cm。树皮灰褐色，有浅裂。小枝绿带褐色，干时常带黑色。顶芽球形至近卵形，随着新枝萌发，呈竹笋状，鳞片密被棕色或黄棕色小柔毛。叶常集生于小枝梢端，椭圆形或狭椭圆形，间或倒披针形，长7~15cm，宽2~4cm，先端渐尖或尾状渐尖，尖头稍钝，基部楔形，革质，叶面深绿色，叶背浅绿色，中脉在叶面凹下，在叶背明显凸起，侧脉纤细，每边12~17条，密网状，叶柄长1.2~2cm。聚伞状圆锥花序与叶近等长，花疏生。花梗纤细，长8~12cm。花被裂片卵状披针形，长5~6mm，先端钝。雄蕊无毛。子房无毛，近球形，花柱较子房长。柱头小，头状。果球形，径0.8~1.2cm，熟时黑色。

生物学特性：花期4—5月，果期6—7月。

刨花润楠树干（徐正浩摄）

刨花润楠叶（徐正浩摄）

刨花润楠顶芽（徐正浩摄）

生境特征：在三衢山喀斯特地貌中栽植于路边、岩石山地等生境。

分布：中国浙江、福建、江西、湖南、广东、广西等地有分布。

第39章

绣球科 Hydrangeaceae

绣球科（Hydrangeaceae）隶属山茱萸目（Cornales），具9属，含223种。绣球花科植物的叶对生，稀轮生或互生。花两性，花瓣4片，稀5~12片。果实为蒴果或浆果，含几粒种子，种子含肉质胚乳。

1. 绣球　*Hydrangea macrophylla* (Thunb.) Ser.

中文异名：八仙花、阴绣球

英文名：bigleaf hydrangea，lacecap hydrangea，mophead hydrangea，penny mac，hortensia

分类地位：植物界（Plantae）

被子植物门（Angiospermae）

双子叶植物纲（Dicotyledoneae）

山茱萸目（Cornales）

绣球科（Hydrangeaceae）

绣球属（*Hydrangea* Linn.）

绣球（*Hydrangea macrophylla*（Thunb.）Ser.）

形态学鉴别特征：落叶灌木。高1~4m。茎常于基部发出多数放射枝而形成圆形灌丛，枝圆柱形，紫灰色至淡灰色。叶纸质或近革质，倒卵形或阔椭圆形，长6~15cm，宽4~11.5cm，先端骤尖，具短尖头，基部钝圆形或阔楔形，基部以上边缘具粗齿，侧脉6~8对，叶柄长

绣球花的花（徐正浩摄）

绣球花花序（徐正浩摄）

绣球花花期植株（徐正浩摄）

1~3.5cm。伞房状聚伞花序近球形，径8~20cm，具短的总花梗。花密集，多数不育。不育花萼片4片，近圆形或阔卵形，长1.5~2.5cm，宽1~2.5cm，粉红色、淡蓝色或白色。孕性花极少数，具长2~4mm的花梗，萼筒倒圆锥状，长1.5~2mm，花瓣长圆形，长3~3.5mm，雄蕊10枚，子房半下位，花柱3个。蒴果长陀螺状，连花柱长4~4.5mm。

生物学特性：花期6—8月。

生境特征：在三衢山喀斯特地貌中栽植于绿地、路边等生境。

分布：中国中部有分布。日本、朝鲜也有分布。

第40章

银杏科 Ginkgoaceae

银杏科（Ginkgoaceae)具1属1种。我国浙江天目山有野生状态的银杏科树木。银杏科植物为落叶乔木，树干高大，分枝繁茂。枝分长枝与短枝。叶扇形，有长柄，具多数叉状并列细脉，在长枝上螺旋状排列散生，在短枝上成簇生状。雌雄异株。球花单性，生于短枝顶部的鳞片状叶的腋内，呈簇生状。雄球花：具梗，葇荑花序状，雄蕊多数，螺旋状着生，排列较疏，具短梗，花药2个，药室纵裂，药隔不发达。雌球花：具长梗，梗端常分2个叉，稀不分叉或分成3~5个叉，叉项生珠座，各具1颗直立胚珠。种子核果状，具长梗，下垂，外种皮肉质，中种皮骨质，内种皮膜质。胚乳丰富。子叶常2片，发芽时不出土。

1. 银杏 *Ginkgo biloba* Linn.

中文异名：白果

英文名：ginkgo，gingko，ginkgo tree，maidenhair tree

分类地位：植物界（Plantae）

银杏门（Ginkgophyta）

银杏纲（Ginkgoopsida）

银杏目（Ginkgoales）

银杏科（Ginkgoaceae）

银杏属（*Ginkgo* Linn.）

银杏（*Ginkgo biloba* Linn.）

形态学鉴别特征：落叶乔木。高达40m，胸径可达4m。幼树树皮浅纵裂，大树皮灰褐色，深纵裂，粗糙。树冠圆锥形，老则广卵形。枝近轮生，雌株大枝常较雄株大枝开展。短枝密被叶痕，黑灰色，短枝可长出长枝。冬芽黄褐色，卵圆形，先端钝尖。叶扇形，具长柄，淡绿色，无毛，具叉状并列细脉，顶端宽5~8cm，叶柄长3~10cm，秋季落叶前渐变黄色。球花雌雄异株，单性，生于短枝顶端叶腋，簇生状。

银杏新生叶（徐正浩摄）

银杏雄性葇荑花序（徐正浩摄）

银杏种子（徐正浩摄）

雄球花柔荑花序状，下垂，雄蕊排列疏松，具短梗，花药常2个，长椭圆形。雌球花具长梗，梗端常分2个叉。种子具长梗，下垂，椭圆形、长倒卵形、卵圆形或近圆球形，长2.5~3.5cm，径1.5~2cm。

生物学特性：花期3—4月，种子9—10月成熟。

生境特征：在三衢山喀斯特地貌中栽植于绿地、路边等生境。

分布：中国特色树种。

第41章

鼠李科 Rhamnaceae

鼠李科（Rhamnaceae）隶属蔷薇目（Rosales），具55属，含950种。鼠李科植物常为乔木、灌木或藤本植物。世界广布，主要分布于亚热带和热带地区。单叶互生、螺旋状排列，或对生。具托叶。一些属的叶特化为刺，如滨枣（*Paliurus spina-christi* Mill.）和十字木（*Colletia cruciata* Gill. ex Hook.）。花辐射对称。萼片离生，5片，有时4片。花瓣离生，5片，有时4片或缺如。尽管一些属花显，簇生，如美洲茶属（*Ceanothus* Linn.），但绝大多数属花小，不显，呈白色、黄色、绿色、粉红、蓝色。雄蕊5枚或4枚，与花瓣对生。子房上位，2颗或3颗胚珠（或1颗不育）。果实多数为浆果、肉质核果或坚果。

1. 枳椇 *Hovenia acerba* Lindl.

中文异名：拐枣、鸡爪梨

分类地位：植物界（Plantae）

被子植物门（Angiospermae）

双子叶植物纲（Dicotyledoneae）

蔷薇目（Rosales）

鼠李科（Rhamnaceae）

枳椇属（*Hovenia* Thunb.）

枳椇（*Hovenia acerba* Lindl.）

形态学鉴别特征：高大乔木，稀灌木。高达10m。小枝褐色或黑紫色。叶纸质或厚膜质，卵圆形、宽矩圆形或椭圆状卵形，长7~17cm，宽4~11cm，顶端短渐尖或渐尖，基部截形，边缘有不整齐的锯齿或粗锯齿，稀具浅锯齿，叶柄长2~4.5cm。花黄绿色，径6~8mm。花序轴和花梗均无毛。萼片卵状三角形，具纵条纹或网状脉，无毛，长2.2~2.5mm，宽1.6~2mm。花瓣倒卵状匙形，长2.4~2.6mm，宽1.8~2.1mm。子房球形，花柱3浅裂，长2~2.2mm，无毛。浆果

枳椇树干（徐正浩摄）

枳椇叶背（徐正浩摄）

枳椇果实（徐正浩摄）

状核果近球形，径6.5~7.5mm，无毛，成熟时黑色。种子深栗色或黑紫色，径5~5.5mm。

生物学特性：花期5—7月，果期8—10月。

生境特征：在三衢山喀斯特地貌中栽植于路边等生境。

分布：中国西南、华南、华中和华东等地有分布。印度、尼泊尔、不丹、缅甸也有分布。

枳椇果期植株（徐正浩摄）

第42章

景天科 Crassulaceae

景天科（Crassulaceae）隶属虎耳草目（Saxifragales），具34或35属，含1400余种。世界广布，多数分布在北半球和非洲南部，主要分布于干旱或寒冷地区。

景天科植物常为草本，但一些为亚灌木，少数呈树状或为水生植物。叶常肉质。

1. 垂盆草 *Sedum sarmentosum* Bunge

中文异名：狗牙瓣、水马齿苋

分类地位：植物界（Plantae）

被子植物门（Angiosperms）

双子叶植物纲（Dicotyledoneae）

虎耳草目（Saxifragales）

景天科（Crassulaceae）

景天属（*Sedum* Linn.）

垂盆草（*Sedum sarmentosum* Bunge）

形态学鉴别特征：多年生肉质草本。主根明显。不育茎匍匐，节上生不定根，长10~25cm。3叶轮生，倒披针形至长圆形，长15~25mm，宽3~5mm，先端近急尖，基部渐狭，有短距，全缘。花茎直立。聚伞花序顶生，有3~5个分枝。花少数，无梗。苞片叶状，较小。萼片5片，披针形至长圆形，不等长，长3~5mm，基部无距，顶端稍钝。花瓣5片，淡黄色，披针形至长圆形，长5~8mm。雄蕊10枚，较花瓣短。鳞片5片，近四方形，长0.5mm。心皮5片，略叉开，顶端长有花柱，基部合生，每心皮有10颗以上胚珠。果实为蓇葖果。种子细小，卵圆形，无翅，表面有乳头状突起。

垂盆草花（徐正浩摄）

生物学特性：花期5—6月，果期7—8月。喜阴、湿环境，较耐寒，适宜在肥沃的沙壤土栽培。野生于向阳山坡、石隙、沟边及路旁湿润处。

垂盆草花期路边生境植株（徐正浩摄）

垂盆草居群（徐正浩摄）

生境特征：在三衢山喀斯特地貌中栽植于路边、山地等生境。

分布：中国长江中下游流域及东北有分布。日本、朝鲜也有分布。

第43章

石蒜科 Amaryllidaceae

石蒜科（Amaryllidaceae）隶属天门冬目（Asparagales），具72~73属，含1375~1396种。分3个亚科，即石蒜亚科（Amaryllidoideae）、葱亚科（Allioideae）和百子莲亚科（Agapanthoideae）。

石蒜科植物为陆生植物，稀水生植物；除4个物种外，为多年生草本或多肉具地下芽的植物，偶为附地植物。许多属具鳞茎，而百子莲属（*Agapanthus* L'Hér）、君子兰属（*Cliva* Lindl.）和网球花属（*Scadoxus* Raf.）自根状茎发出。单叶，肉质，2列，具平行脉。叶片线形、条形、长圆形、椭圆形、披针形或丝状。叶片基部集生，或轮状茎生，无柄或具柄。花两性，辐射对称，稀两侧对称，具花梗或无。花顶生，呈伞形花序，或具花茎和丝状苞片。花瓣6片，2轮排列，每轮3片。花瓣形状和大小相似，离生或基部合生形成花冠筒。在一些属中，如水仙属（*Narcissus* Linn.），花冠似日晕，杯状或喇叭状突出。在一些种中，花冠退化至花盘高。百子莲亚科和葱亚科子房上位，而石蒜亚科子房下位。雄蕊6枚，2轮，每轮3枚，偶有更多雄蕊，如香石蒜属（*Gethyllis* Linn.）。石蒜亚科雄蕊9~18枚。果实为干蒴果状，或肉质和浆果状。葱亚科产生烯丙基硫化物，具有特征气味。

1. 韭莲 *Zephyranthes carinata* Herb.

中文异名：红玉帘、菖蒲莲、风雨花、风雨兰、韭兰、红花葱兰、韭菜莲

英文名：rosepink zephyr lily, pink rain lily

分类地位：植物界（Plantae）

被子植物门（Angiosperms）

单子叶植物纲（Monocotyledoneae）

天门冬目（Asparagales）

石蒜科（Amaryllidaceae）

葱莲属（*Zephyranthes* Herb.）

韭莲（*Zephyranthes carinata* Herb.）

形态学鉴别特征：多年生草本。鳞茎卵球形，径2~3cm，外皮酒红色。基生叶自鳞茎抽出，常4~6片簇生，线形，扁平，长15~30cm，宽6~8mm，鲜绿色，基部带红色。花葶直立或斜生，长10~15cm。花单生于花茎顶端，下有佛焰苞状总苞，总苞片淡紫红色至紫色，长2.5~3cm，下部合生成管。花梗长2~3cm。花单一，漏斗状，花被粉红至玫瑰红色。花被管长

韭莲花（徐正浩摄）

韭莲雌雄蕊（徐正浩摄）

韭莲岩石生境植株（徐正浩摄）

1~2.5cm，花被裂片6片，裂片倒卵形，顶端略尖，长3~6cm。雄蕊6枚，花丝白色，不等长，长花丝长1.8~2.5mm，短花丝长1.2~1.6mm，花药“丁”字形着生，长5~6mm，短于花被片。子房下位，3室，胚珠多数，花柱细长，丝状，柱头深5裂。蒴果近球形，3瓣裂。种子黑色，具光泽，扁平。

生物学特性：花期夏秋季。

生境特征：在三衢山喀斯特地貌中栽植于路边、山地等生境。

分布：原产于墨西哥及中美洲等。

2. 葱莲 *Zephyranthes candida* (Lindl.) Herb.

中文异名：葱兰、玉帘

英文名：autumn zephyrlily，white windflower，Peruvian swamp lily

分类地位：植物界（Plantae）

被子植物门（Angiosperms）

单子叶植物纲（Monocotyledoneae）

天门冬目（Asparagales）

石蒜科（Amaryllidaceae）

葱莲属（*Zephyranthes* Herb.）

葱莲（*Zephyranthes candida*（Lindl.）Herb.）

形态学鉴别特征：多年生草本。鳞茎卵形，径2~2.5cm，具有明显的颈部，颈长2.5~5cm。叶狭线形，肥厚，亮绿色，长20~30cm，宽 2~4mm。花茎中空。花单生于花茎顶端，下有带褐

葱莲花境植株（徐正浩摄）

红色的佛焰苞状总苞。总苞片顶端2裂。花梗长0.6~1cm。花白色，外面常带淡红色，几无花被管，花被片6片，长3~5cm，顶端钝或具短尖头，宽0.6~1cm，近喉部常有很小的鳞片。雄蕊6枚，花丝淡绿色，花药黄色，短于花被。花柱细长，柱头不明显3裂。蒴果近球形，径0.8~1.2cm，3瓣开裂。种子黑色，扁平。

葱莲花（徐正浩摄）

生物学特性：花期秋季。

生境特征：在三衢山喀斯特地貌中栽植于绿地、路边、山地等生境。

分布：原产于南美洲。

第44章

鸢尾科 Iridaceae

鸢尾科（Iridaceae）隶属天门冬目（Asparagales），具66属，含2244种。鸢尾科植物一些为多年生，具鳞茎、球茎或根状茎。直立，叶片禾草状，中央褶皱锐利。一些种花被片蓝色和黄色。

1. 鸢尾　*Iris tectorum* Maxim.

中文异名：蓝蝴蝶、屋顶鸢尾、紫蝴蝶

英文名：roof iris，Japanese roof iris，wall iris

分类地位：植物界（Plantae）

被子植物门（Angiosperms）

单子叶植物纲（Monocotyledoneae）

天门冬目（Asparagales）

鸢尾科（Iridaceae）

鸢尾属（*Iris* Linn.）

鸢尾（*Iris tectorum* Maxim.）

形态学鉴别特征：多年生草本。须根较细而短。根状茎粗壮，二歧分枝，径0.6~1cm，斜伸。叶基生，黄绿色，稍弯曲，中部略宽，宽剑形，长15~50cm，宽1.5~3.5cm，顶端渐尖或短渐尖，基部鞘状，有数条不明显的纵脉。花茎光滑，高20~40cm，顶部常有1~2个短侧枝，中、下部有1~2片茎生叶。苞片2~3片，绿色，草质，边缘膜质，色淡，披针形或长卵圆形，长5~7.5cm，宽2~2.5cm，顶端渐尖或长渐尖，内包含1~2朵花。花蓝紫色，径8~10cm。花梗甚短。花被管细长，长2~3cm，上端膨大成喇叭形，外花被裂片圆形或宽卵形，长5~6cm，宽3~4cm，顶端微凹，爪部狭楔形，中脉上有不规则的鸡冠状附属物，内花被裂片椭圆形，长4.5~5cm，宽2~3cm，花盛开时向外平展，爪部突然变细。雄蕊长2~2.5cm，花药鲜黄色，花丝

鸢尾叶（徐正浩摄）

鸢尾花（徐正浩摄）

鸢尾花期植株（徐正浩摄）

鸢尾果期植株（徐正浩摄）

鸢尾居群（徐正浩摄）

细长，白色。花柱分枝扁平，淡蓝色，长3~3.5cm，顶端裂片近四方形，有疏齿，子房纺锤状圆柱形，长1.8~2cm。蒴果长椭圆形或倒卵形，长4.5~6cm，径2~2.5cm，有6条明显的肋，成熟时自上而下3瓣裂。种子黑褐色，梨形，无附属物。

生物学特性：花期4—5月，果期6—8月。

生境特征：在三衢山喀斯特地貌中栽植于绿地、山地等生境。

分布：中国华东、华中、华南、西南、西北等地有分布。

参考文献

[1] 吴征镒. 中国植物志[M]. 北京：科学出版社，1991—2004.
[2] 浙江植物志编辑委员会. 浙江植物志[M]. 杭州：浙江科学技术出版社，1993.
[3] 徐正浩，周国宁，顾哲丰，等. 浙大校园树木[M]. 杭州：浙江大学出版社，2017.
[4] 徐正浩，周国宁，顾哲丰，等. 浙大校园花卉与栽培作物[M]. 杭州：浙江大学出版社，2017.
[5] 周国宁，徐正浩. 园林保健植物[M]. 杭州：浙江大学出版社，2018.
[6] 徐正浩，徐建明，朱有为. 重金属污染土壤的植物修复资源[M]. 北京：科学出版社，2018.

索 引

索引1 拉丁学名索引

A

B

C

I

J

K

L

M

R

S

T

V

W

Y

Z

索引2　中文名索引

B

C

D

E

F

G

H

M

N

O

P

Q

R

Y

Z